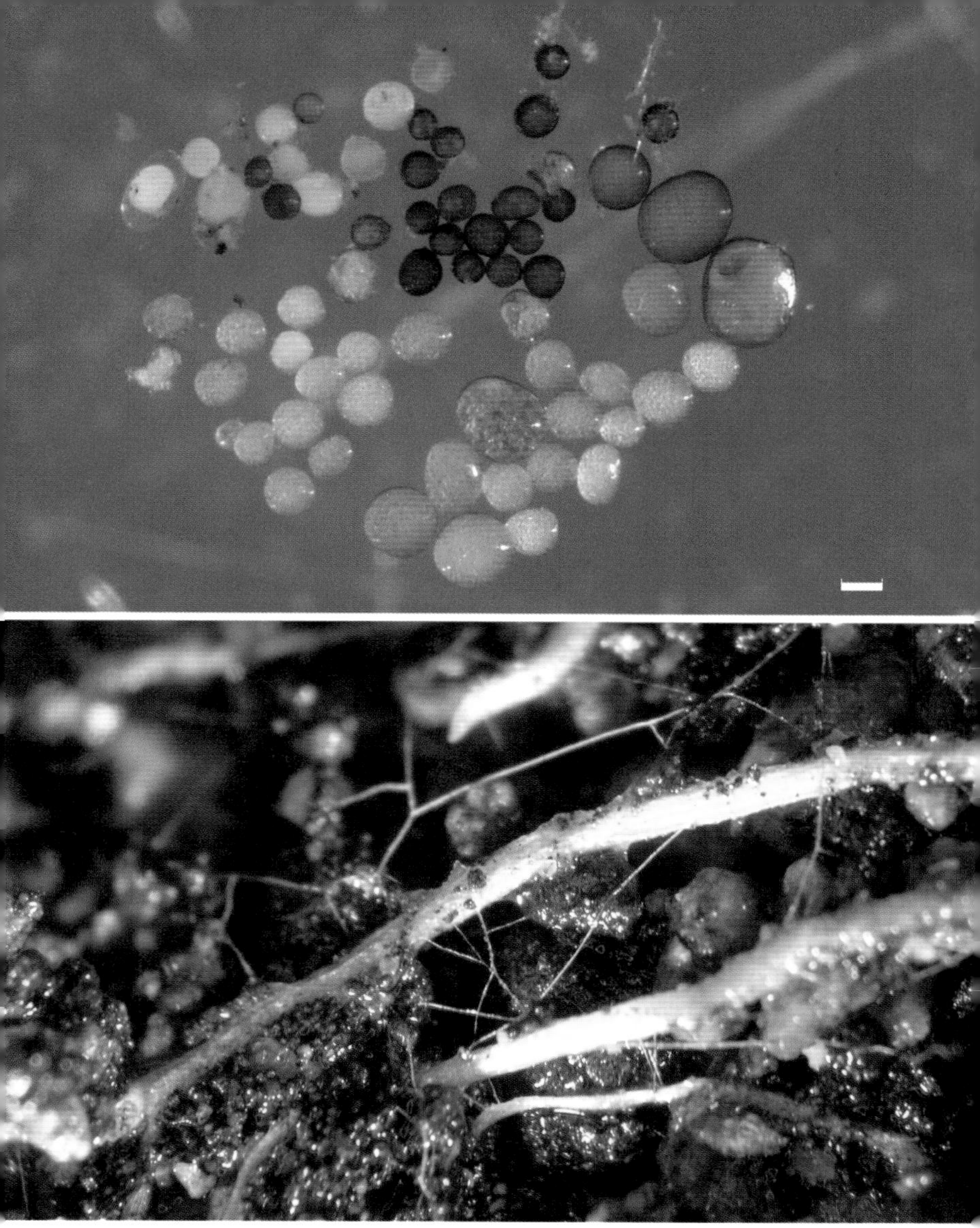

1──アーバスキュラー菌根菌

陸上植物種の約8割に共生するもっとも普遍的な菌根菌。**上：**土壌から分離した胞子。さまざまな色や形態を示し、小さな宝石のようである。スケール＝100μm。**下：**シロクローバの根から土壌中へ伸びるアーバスキュラー菌根菌の菌糸。これらの菌糸で土壌中のリンなどの養分を吸収し、植物へ供給する（第1章）

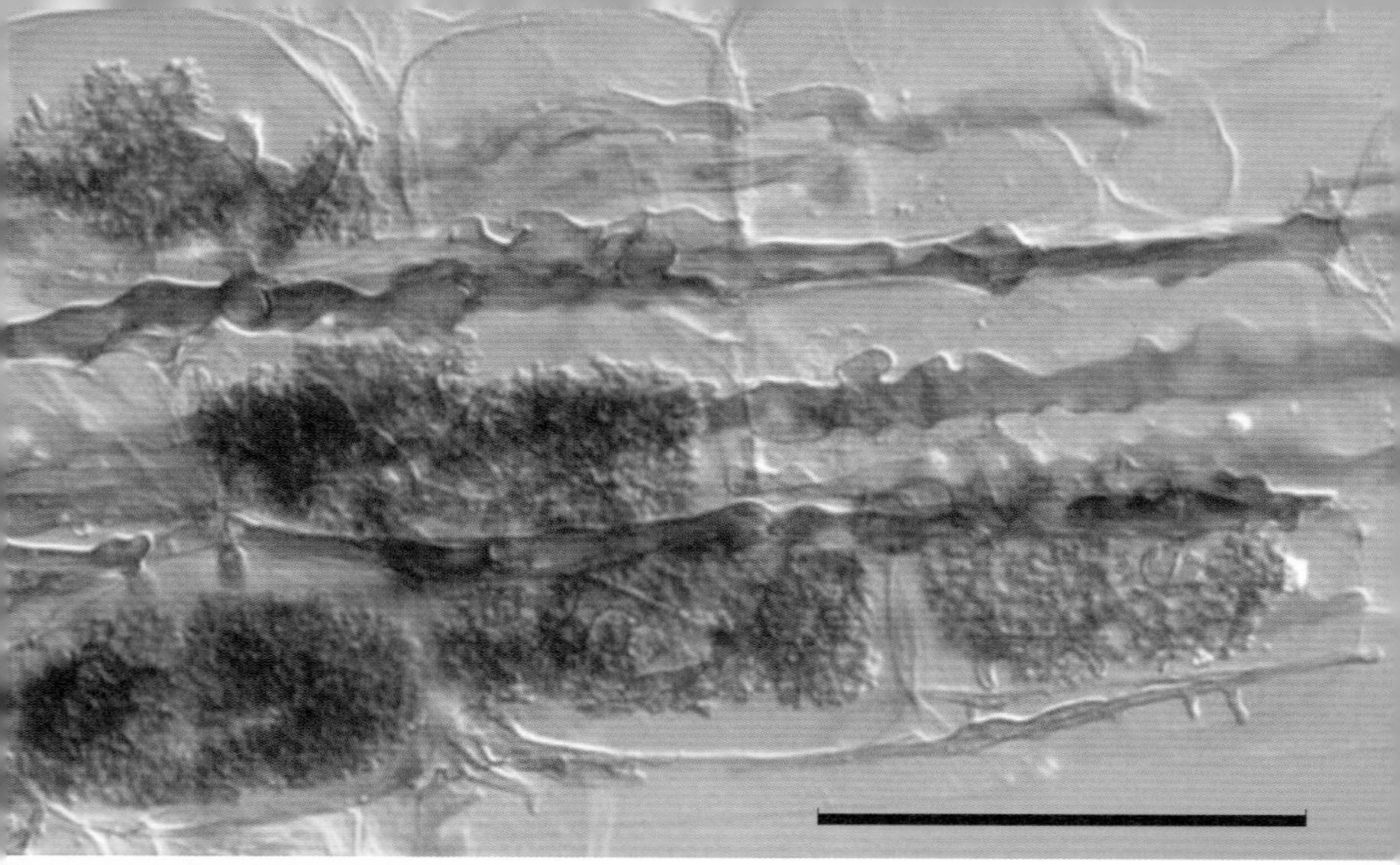

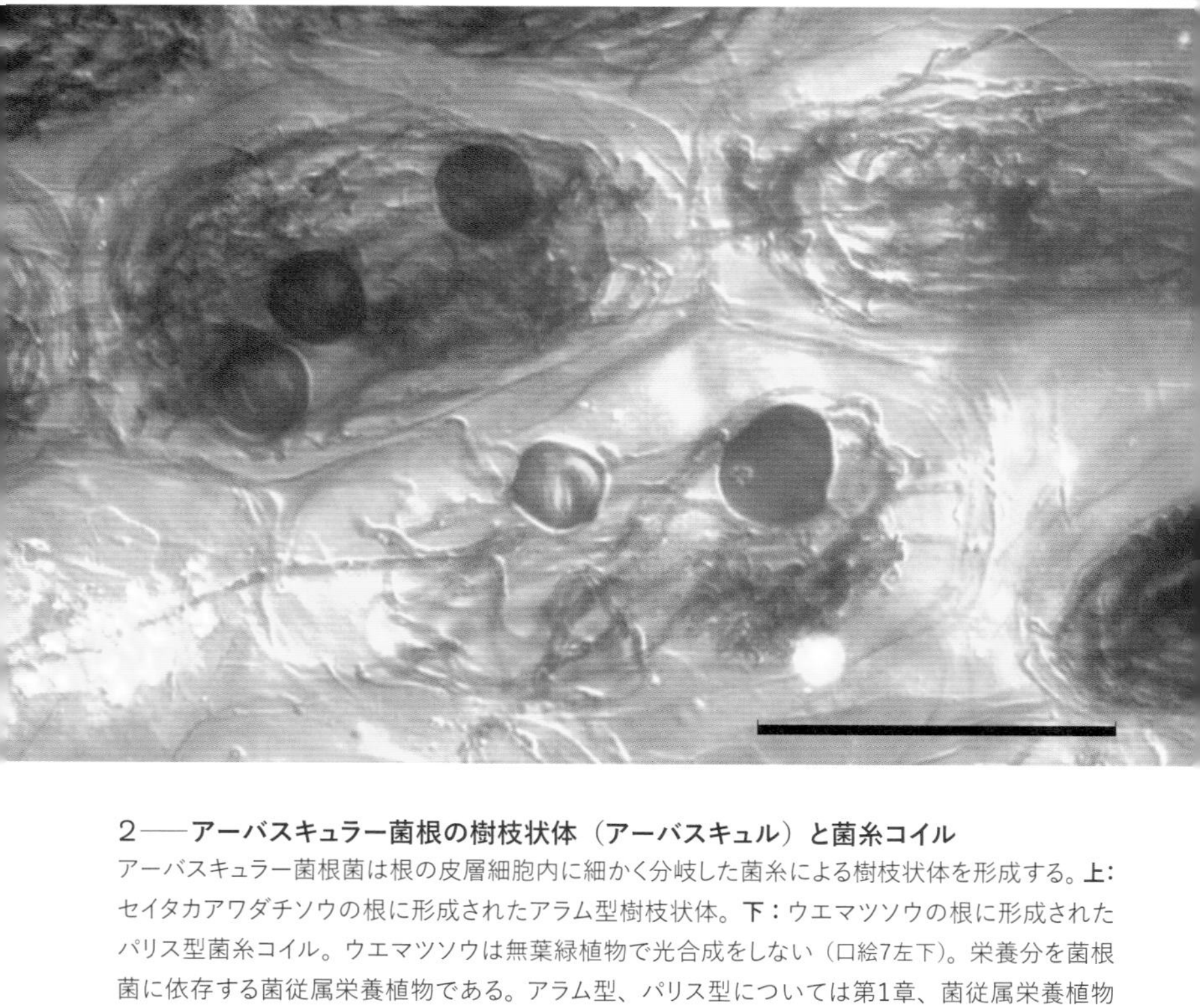

2──アーバスキュラー菌根の樹枝状体（アーバスキュル）と菌糸コイル

アーバスキュラー菌根菌は根の皮層細胞内に細かく分岐した菌糸による樹枝状体を形成する。**上：**セイタカアワダチソウの根に形成されたアラム型樹枝状体。**下：**ウエマツソウの根に形成されたパリス型菌糸コイル。ウエマツソウは無葉緑植物で光合成をしない（口絵7左下）。栄養分を菌根菌に依存する菌従属栄養植物である。アラム型、パリス型については第1章、菌従属栄養植物については第6章参照。スケール＝100μm

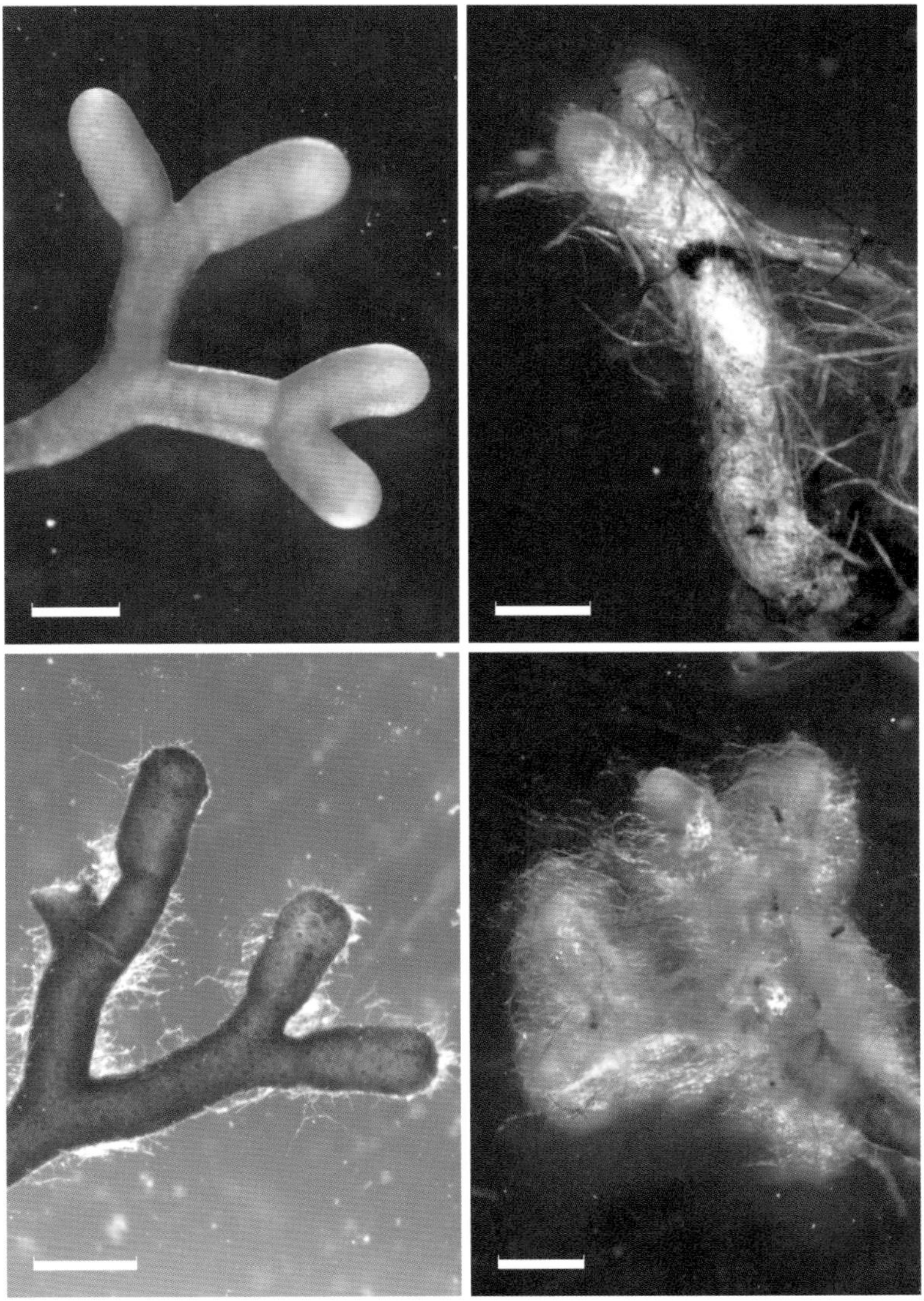

3――クロマツの根にみられる外生菌根

形態の異なる菌根には異なる種類の菌が共生している。**左上：**チチタケ属の菌、**左下：**ラシャタケ属の菌、**右上：**キシメジ属の菌、**右下：**アテリア科の菌。いずれの図もスケール＝0.5mm（第2章・第3章）

4――上：アカマツの外生菌根。**左上：**根の表面は菌糸に覆われ菌鞘となる。皮層細胞間隙に網目状に入りこんだ菌糸はハルティヒ・ネットと呼ばれる（第2章）。**右上：**ハルティヒ・ネットの拡大写真。スケール＝5μm。**左下：**ミズナラに形成されたセノコッカム・ジェオフィラムによる外生菌根。スケール＝1mm（第3章）。**右下：**菌根菌による成長促進効果。クロマツの実生苗で外生菌根菌が定着した個体（左）と定着しなかった個体（右）。左の個体の根には外生菌根菌の白色の菌糸を認めることができる（第3章）

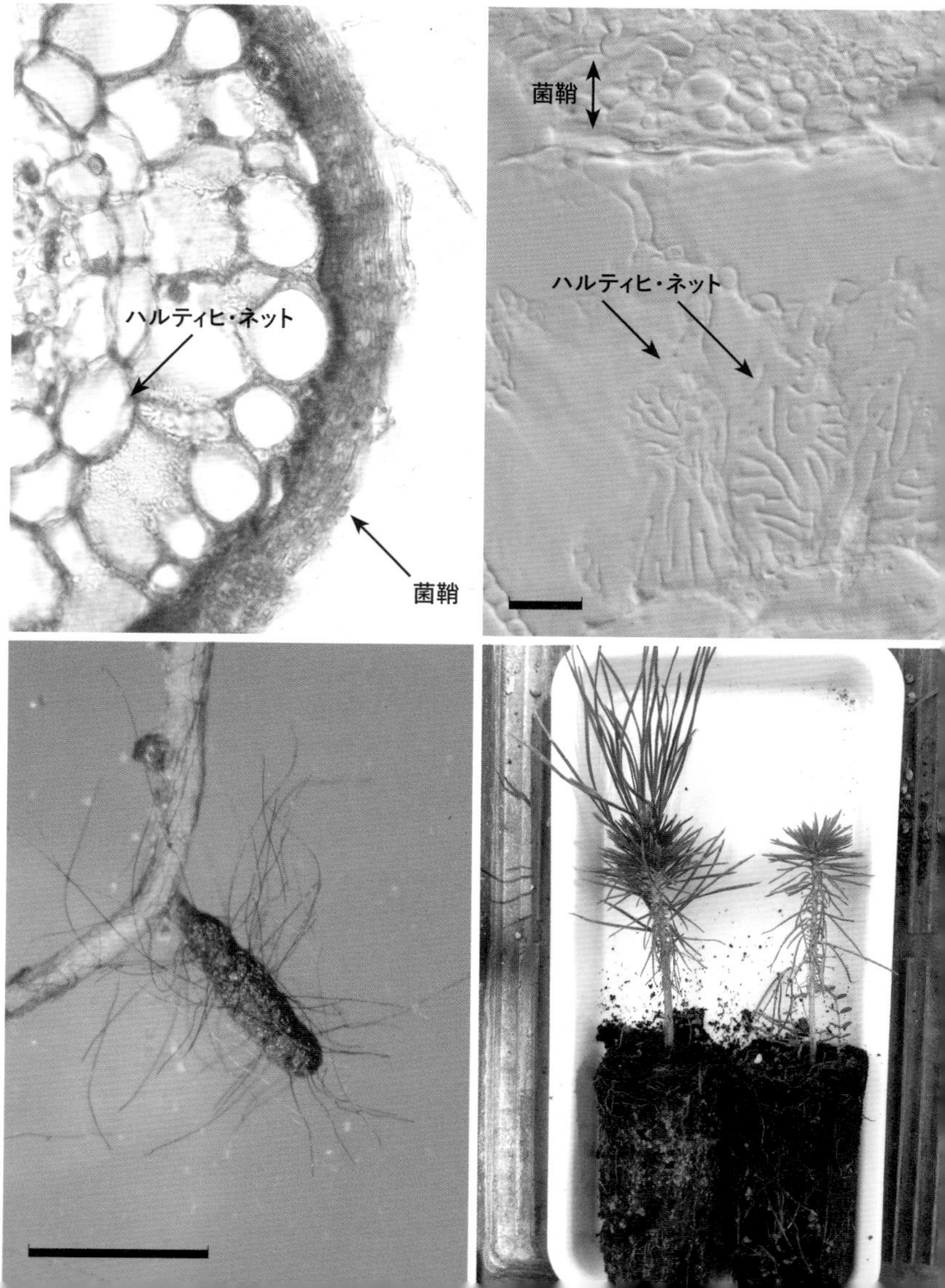

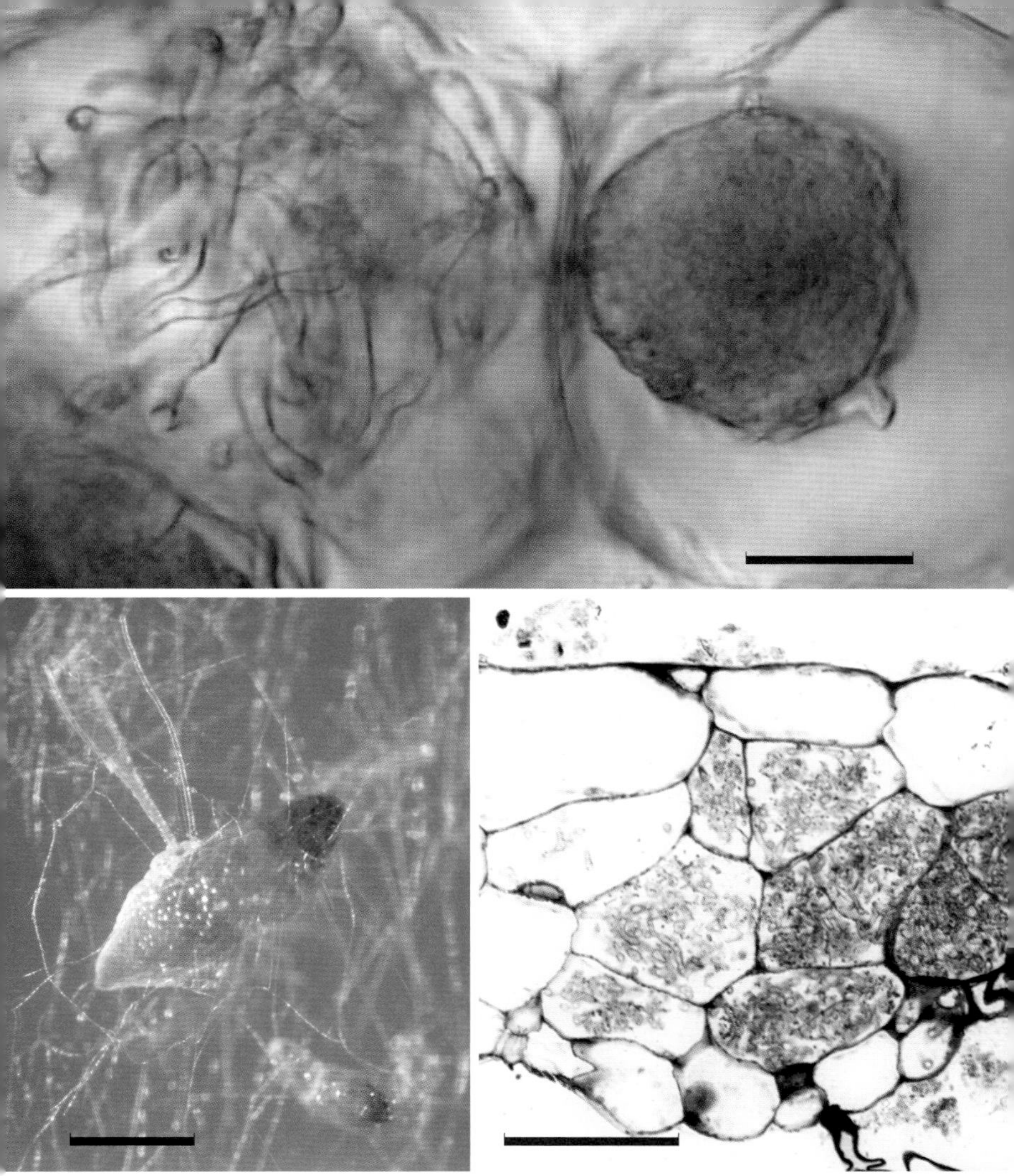

5——上：ラン菌根。ネジバナの根にみられる菌糸コイル（右が塊状、左が糸状の菌糸コイル）。細胞内へ入りこんだ菌糸はコイル状の菌糸コイルを形成するが、やがて細胞内で菌糸が消化されて塊状になる。スケール＝50μm。**左下：**トサカメオトランのプロトコーム。ランの種子は非常に小さく胚乳や子葉をもたず、発芽の際に菌根菌と共生して菌から養分を受け取りながら成長する。この共生発芽時の肥大した幼植物体をプロトコームと呼ぶ。スケール＝300μm（第4章）。**右下：**シダ配偶体に形成されたアーバスキュラー菌根菌による樹枝状体。配偶体は根組織ではないにもかかわらず樹枝状体が形成されることは、菌根共生の進化を考えるうえで興味深い。スケール＝100μm（第5章）（提供／今市涼子・平山裕美子）

6――**タカツルランの菌根**

左上：根の細胞内にみられる菌糸コイル。スケール＝100μm。**右上：**タカツルランの花。大きさ3cmほどの花を房状に多数つける。**下：**タカツルランの菌根。菌根菌と共生をはじめると根が著しく分岐し、植物の根とは思えない姿になる（第4章）

7――菌を食べる植物「菌従属栄養植物」

左上：ベニバナイチヤクソウ。部分的に菌に栄養を依存する部分的菌従属栄養植物で、アーブトイド菌根を形成（口絵8左上）。**右上**：キンラン。部分的菌従属栄養植物でラン菌根を形成する（口絵8右上）。**左下**：ウエマツソウ。無葉緑植物で養分を菌に依存する菌従属栄養植物。アーバスキュラー菌根を形成（口絵2下）。**右下**：ギンリョウソウ。無葉緑植物で養分を菌に依存する菌従属栄養植物。モノトロポイド菌根を形成する（口絵8下）（第6章）

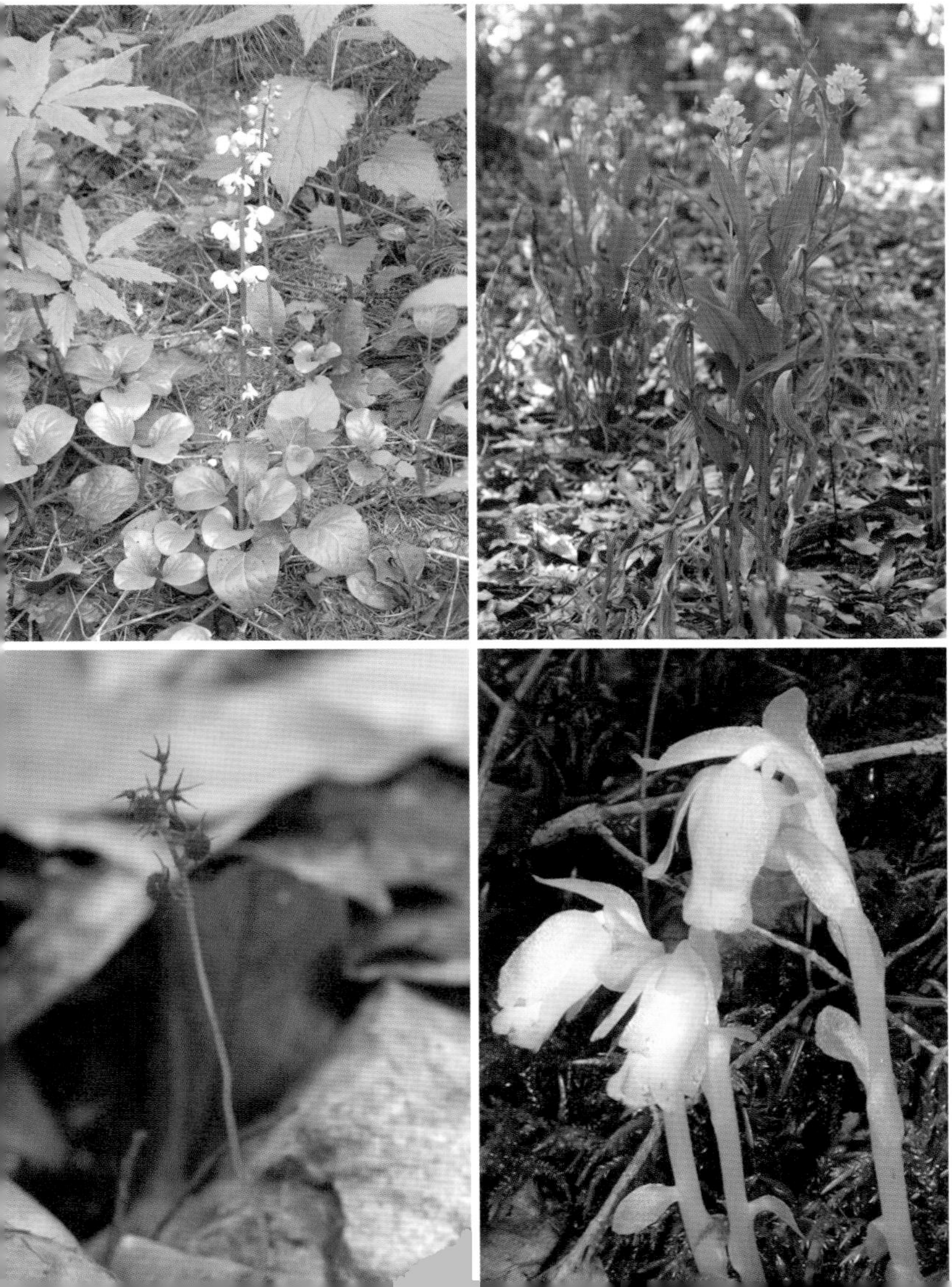

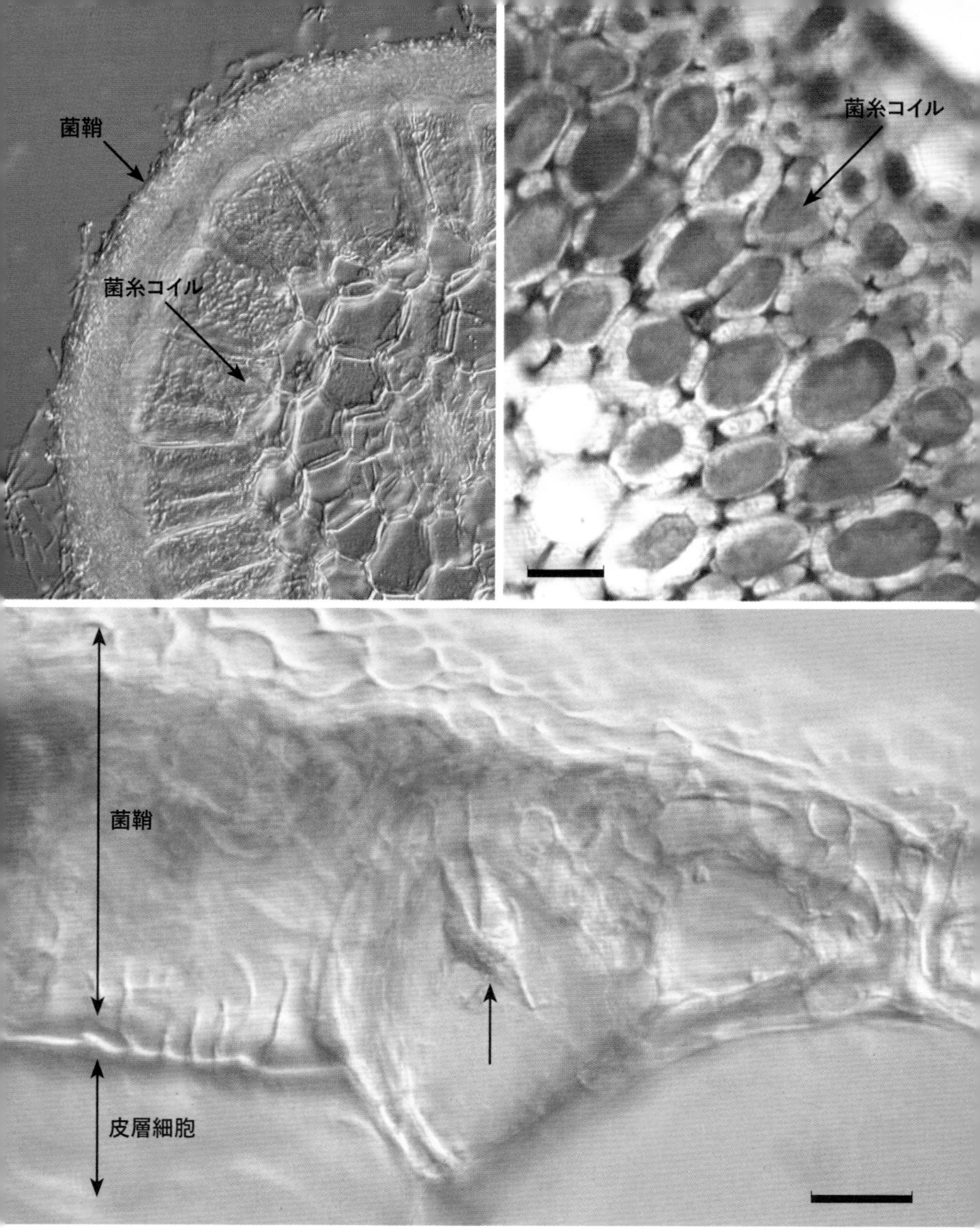

8——菌従属栄養植物に形成される菌根

左上：ベニバナイチヤクソウのアーブトイド菌根。内生と外生の両方の特徴をもつ菌根であり、外生菌根の特徴である菌鞘とともに皮層細胞内に菌糸コイルが形成されている。**右上：**キンランのラン菌根。皮層細胞に菌糸コイルがみられる。スケールは 100μm。**下：**ギンリョウソウのモノトロポイド菌根。外生菌根菌のように菌鞘を形成し、皮層細胞内へのペグ状の菌糸の突起（矢印）が特徴である。スケール＝ 5μm（序章・第6章）

齋藤雅典 編著

菌《きん》根《こん》の世界

菌と植物のきってもきれない関係

築地書館

はじめに

「キンコン」「キンコンキン」という言葉を聞いて何のことかわからなくても、「菌根」「菌根菌」と漢字で表すとなんとなくイメージがわいてくるかもしれない。菌根とは、菌類いわゆるカビの仲間が植物の根に共生している現象を指す言葉である。マツタケがマツの根に共生するマツタケ菌から生じる子実体（キノコ）であることはよく知られている。まさにマツタケ菌はマツの根に共生する菌根菌なのである。じつは、マツタケ以外にもさまざまな種類の菌根菌が存在し、陸上植物の約八割の植物種と共生関係を営んでいる。菌と植物の共生である菌根が地球の緑を支えていると言えるだろう。

菌根という共生現象についての関心は少しずつ高まっている。高校の生物の教科書の中でも、菌根に言及するものが出版されており、二〇二〇（令和二）年度の東京大学の入試問題「生物」に菌根に関わる問題が出題され話題となった。大学生などを対象とした菌学、土壌微生物学、微生物生態学などの教科書や解説書では、菌根共生にページが割かれるようになってきている。

わが国では、これまで小川真によってマツタケやアーバスキュラー菌根菌などの菌根に関する書籍が複数出版されてきた。また、アーバスキュラー菌根菌の農業利用や林業における外生菌根菌利用についての実用的な冊子類も出版されてきたが、多様な菌根の世界について総合的に解説した日本語の書籍はまだ見あたらない。

そこで、さまざまな菌根について、それらを研究対象として実際に研究を進めてきた研究者たちによって、菌根について解説する書籍を著すことにした。各章では、それぞれの菌根の特徴や観察手法について解説するとともに、それぞれの著者が取り組んできた研究の成果などを取り入れながら、できるだけ最新の菌根学の成果もわかりやすく解説しようと試みた。各章はそれぞれの菌根ごとにまとめてあるので、必ずしも章順に読む必要はなく、関心のある章からページをめくっていただいて差し支えない。本書を通じて、菌根という共生の世界のおもしろさを知って関心をもっていただけると幸いである。

なお、本文中では敬称を略した。また提供者名のない写真・図は著者による。

（齋藤雅典）

目次

本文中の＊は、巻末の参考文献の番号に対応する。

序章

地球の緑を支える菌根共生
——菌と根の奇跡の出会い

齋藤雅典・小川　真

春の雨のように
花が覆っていく
野は緑にかわり
生きものを包む
妖精は心が広い
清らかな者も　邪《よこしま》な者も
助けを求めていれば
救いに駆けつける
（ゲーテ『ファウスト　第二部』　大気の精アーリエル　池内紀訳　集英社文庫）

春になり、大地から植物が芽吹き、葉を広げ、花を咲かす。植物の生命力に驚かされる。ほんとうにすばらしい。私たちは、大地から上へ上へと伸びる植物の生き様をみて感嘆する。しかし、それを支えているのは土の中へ伸びている根である。根から水や養分を吸収して、地上の茎や葉へ送ることによってはじめて花が咲き、実も稔《みの》る。この根の働きは、じつは植物自身だけで行われているわけではない。根の中には、その名を「菌根《きんこん》菌」という菌類、つまりカビの仲間が棲んでいて、植物の根が養分を吸収するのを助けている。妖精アーリエルのように、この菌根菌は心が広い。陸上の植物の八割以上の種に菌根菌が棲んでいて植物を助けている。森の木にも、草原の草花にも、畑の作物にも、その根には菌根菌が棲んでいて、生育を助けている。菌根菌は、妖精と同様に、姿や形はいろいろである。根の表面にからみつくように棲んでいるものもあり、根の組織の内部まで入りこんでいるものもある。森の中で、樹木の周囲に同心円状にキノコが発生していることがある。ヨーロッパではフェアリーリング※（妖精の輪）とも呼ばれるが、これらのキノコは地下で木の根につながっていて木の養分吸収を助けている。一方で、この菌根菌は植物がないと生きていけない。植物と菌根菌はともにもちつもたれつの共生関係にある。

さて、この本では菌根菌という不思議な微生物の世界について紹介していくが、まずは、菌根とはどのようなもので、どのような種類があるかを説明しておこう。

※——芝生や草地に現れるフェアリーリングのキノコは、菌根菌ではなく、有機物を分解する腐生性の菌類である。

根の表面を覆う菌と根の内部に入りこむ菌

「菌根」とは、根とそこに生息する菌類の統合体のことである。植物と菌類がパートナーであり、その両方が揃って菌根なのである。菌根を形成するパートナーの片方である菌を「菌根菌」と呼ぶ。本書では「菌根」と「菌根菌」をこのような意味で使い分けている。なお、「菌根」という言葉は、ギリシャ語で「菌」を意味する mykes と「根」を意味する rhiza と合わせた、マイコリザ（mycorrhiza）の訳語として広く使われている。

菌根は、植物の根に菌がどのように侵入するかによって、菌糸が根の組織の表面に付着し厚い菌糸層を形成する外生菌根と、菌糸が根の皮層組織へ侵入する内生菌根の二つに大きく分けられる（**図1**）。

外生菌根は、一般に樹木の根に形成され、根の形態が変化しているので肉眼でもすぐにわかる。形態の変化はいろいろだが、細根の先端部分の色が変わったり、ふくらんだりしている（**口絵3**）。根の横断面を顕微鏡で観察すると、菌がマット状に根の外側の組織を覆っていることがわかる。これを菌鞘（あるいはマントル）と呼ぶ（**口絵4上**）。外生菌根は、針葉樹のマツ科のマツ属、トウヒ属、カラマツ属、広葉樹のカバノキ科、ブナ科、フタバガキ科などさまざまな樹木種に、担子菌あるいは子嚢菌が共生して形成される。五〇〇〇種を超える外生菌根菌が知られており、それらの多くは樹木と共生して、キノコ（子実体）を形成する。詳しくは第2章、第3章で解説する。

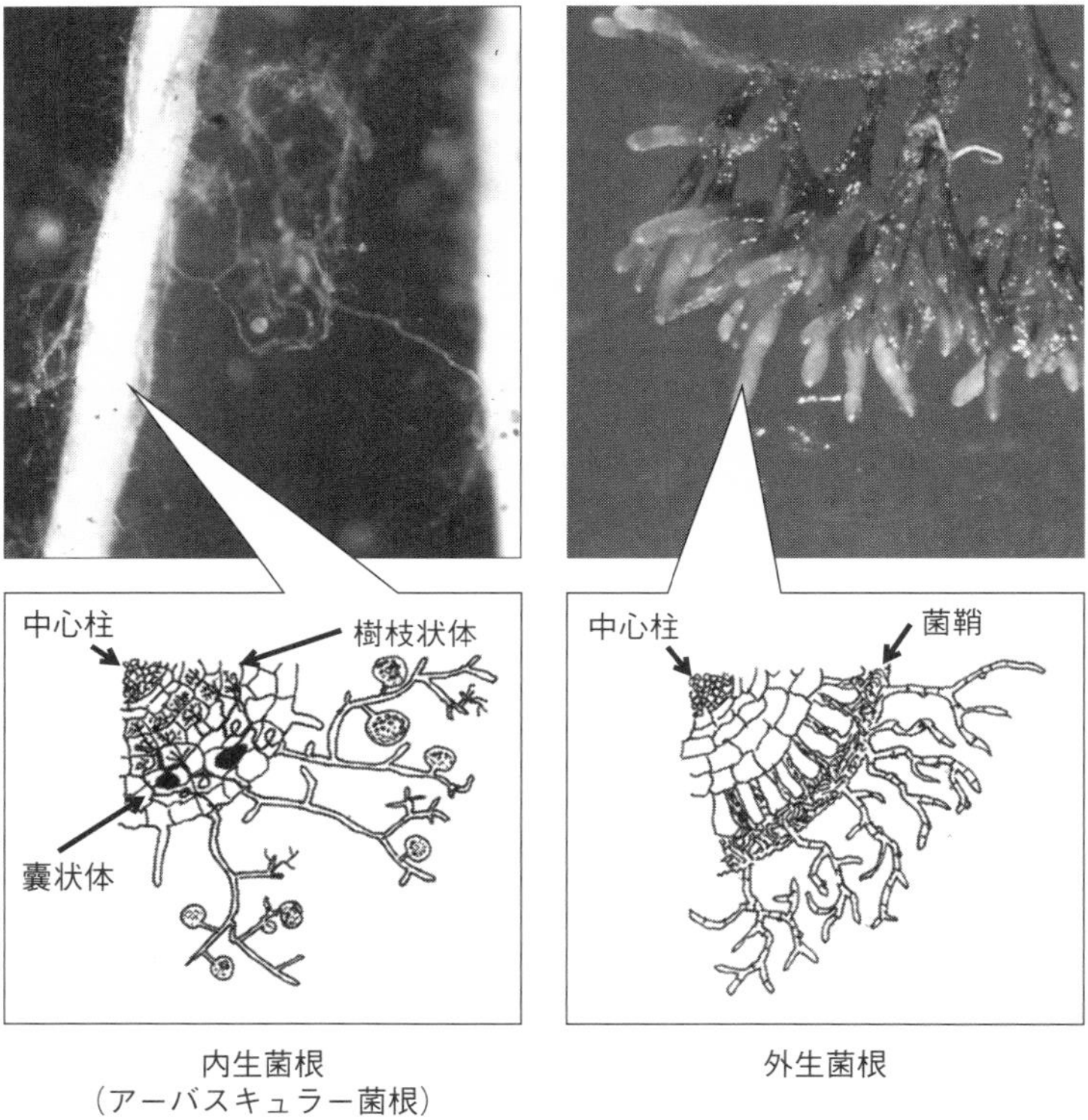

図1　アカマツ（右）とシロクローバ（左）の根とその横断面（模式図）
アカマツの細根は膨潤し肉眼で菌根の存在を認識できるが、シロクローバの根の内部にアーバスキュラー菌根菌が共生しているかどうかは肉眼ではわからない

内生菌根は、外生菌根と違って、根の形態に変化は生じないので、肉眼でその存在を認めることはできない。根を適当な方法で染色し、顕微鏡で観察をしてはじめてその存在を確認することができる。内生菌根の中で、もっとも普遍的なのがアーバスキュラー菌根である（第1章、**口絵1・2**）。アーバスキュラー菌根は、コケ植物、シダ植物、裸子植物、被子植物のきわめて広い範囲の植物種（維管束植物種の八割とも言われている）に、ケカビ門の一系統であるグロムス菌亜門あるいはケカビ亜門の菌が共生してできる菌根である。アーバスキュラー菌根では、樹枝状体（アーバスキュル、arbuscule）、嚢状体（ベシクル、vesicle）という特徴的な器官が根の皮層細胞層に形成される。以前は、これらの特徴的な器官の頭文字をとって、VA菌根菌と呼ばれていた（現在でも、そう呼ばれることはある）が、菌の種類によっては嚢状体を形成しない種もあることから、共通する形質の樹枝状体の形成を示すアーバスキュラー菌根菌という呼称が一般的になっている。アーバスキュラー菌根菌は共生する相手の植物を選ぶ性質（「宿主特異性」と呼ぶ）がきわめて低い。つまり、あるアーバスキュラー菌根菌はきわめて広範囲の植物種に共生することができる。

特定の植物と関係を結ぶ菌

特定の植物種に形成される内生菌根にはラン菌根、エリコイド（ツツジ型）菌根、アーブトイド菌根、モノトロポイド菌根がある。

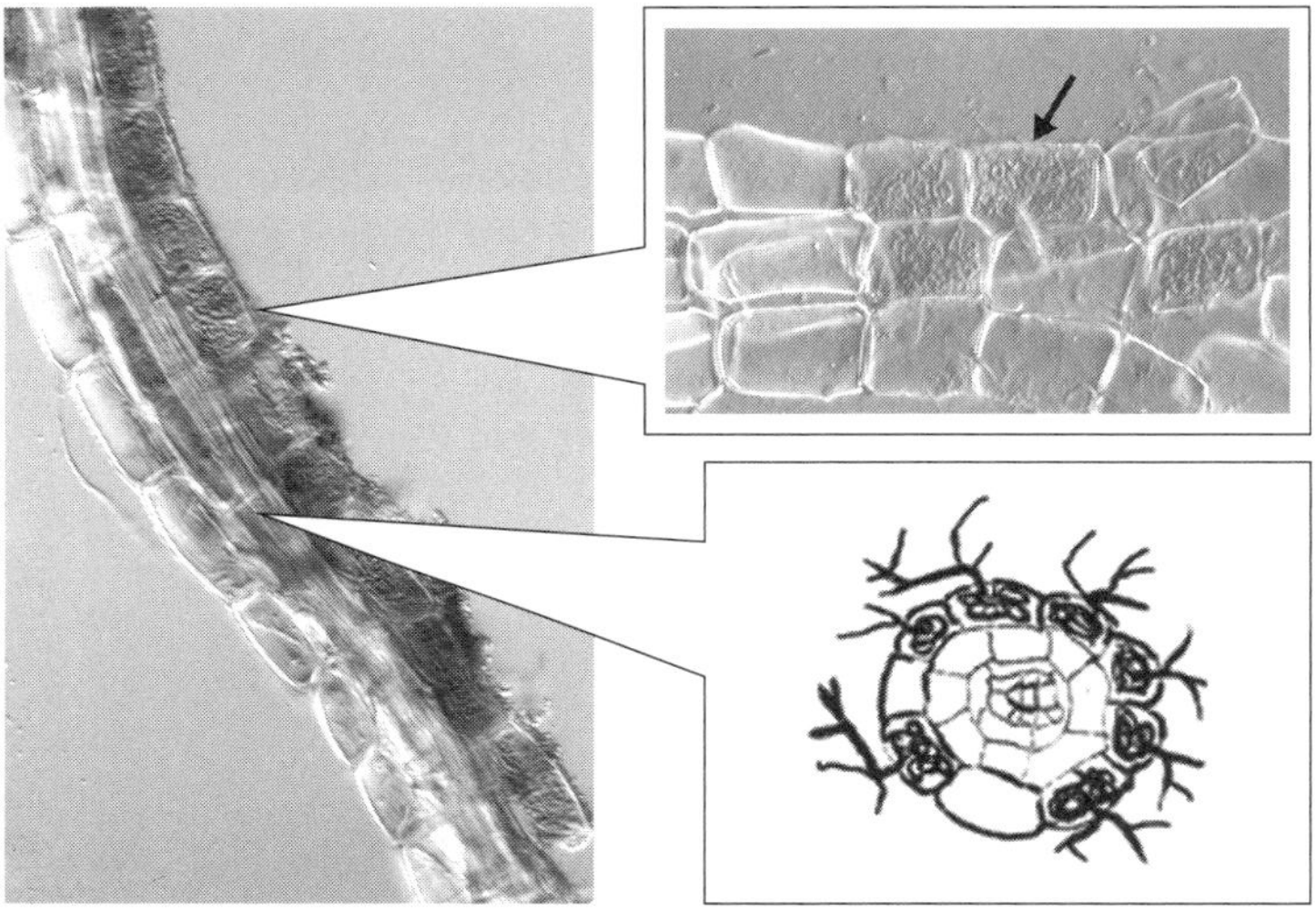

図2　ヤマツツジの細根（ヘアールート）の顕微鏡写真（左、右上）と根の断面（模式図）
ツツジ科植物には内生菌根の一種であるエリコイド菌根が形成される。根の最表層の細胞に菌糸コイル（矢印）が充満している（提供／薄 史暁）

ラン菌根は、ラン科の植物にある種の担子菌や子嚢菌が共生して形成されるきわめて特殊な菌根である。この菌根菌は、ランの根の皮層細胞の中に侵入し、細胞の中でとぐろを巻いたようなコイル状の菌糸を形成する（**口絵5上・口絵6左上**）。ラン菌根の特徴は、ランの種子の発芽段階にある。ランの種子はきわめて小さくて、種子の中にほとんど栄養分を貯蔵していない。そのため、この種子が発芽するときに、菌根菌が共生し、周辺の環境から吸収した養分を発芽したランへ供給することによって発芽後の生育を支える。これを共生発芽と言う（**口絵5左下**）。詳しくは第4章で述べる。

エリコイド（ツツジ型）菌根は、ツツジ目ツツジ科あるいはエパクリス科（オーストラリアを中心に南半球に分布）の植物に

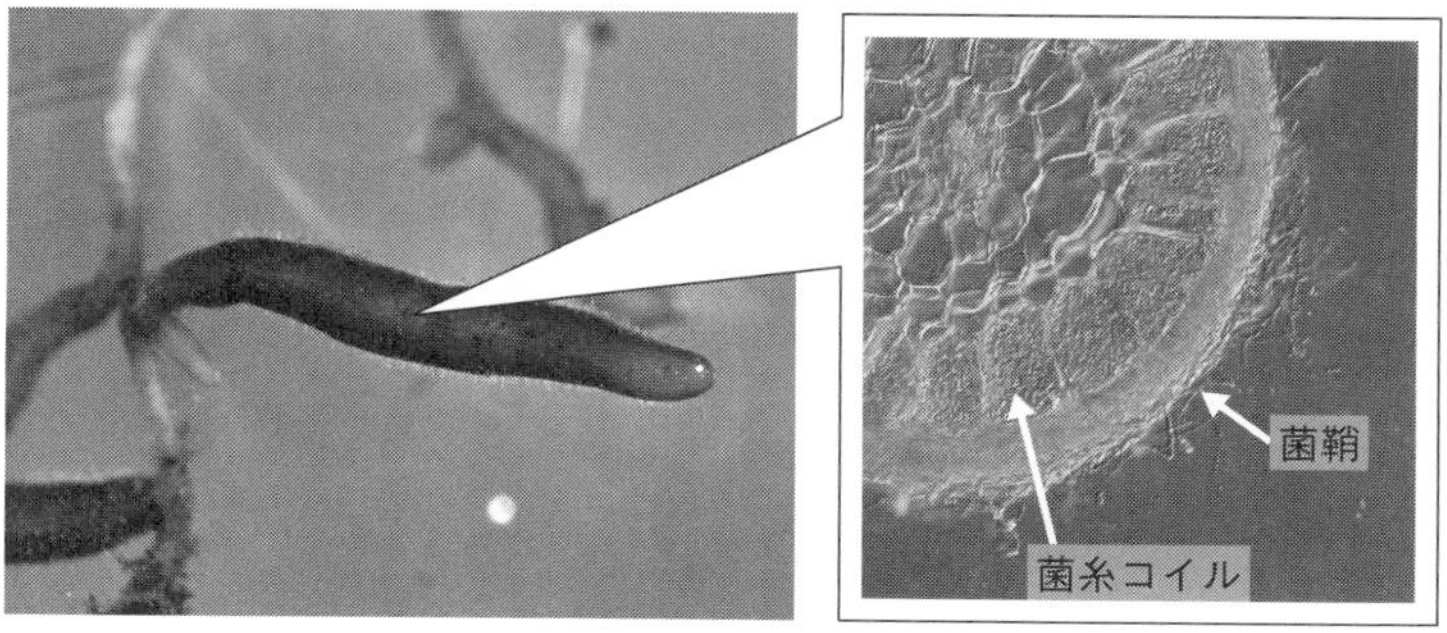

図3　ベニバナイチヤクソウ（ツツジ科）のアーブトイド菌根（左）とその横断面（右）根は菌鞘に覆われているが、根の皮層細胞にも菌糸が侵入し菌糸コイルを形成する（提供／橋本 靖）

ある種の子嚢菌や担子菌が共生して形成される（図2）。ツツジ科の学名エリカシアエ（Ericaceae）に「〜のようなもの」を意味するoidをつけてエリコイド（Ericoid）と呼ばれている。こうしたツツジ科の植物の根を観察すると、土壌の表層部分にヘアールートと呼ばれるきわめて細い根が発達していることがわかる。このヘアールートは皮層細胞の層が数層から構成されていて、その最表層部分の細胞にエリコイド菌根菌の菌糸がコイル状に充満している。

ツツジ科の植物は、肥沃度の低い痩せた土壌や、酸性土壌など普通の植物にとっては不良な土壌環境に適応していることが多い。たとえば、ヤマツツジやシャクナゲは山の尾根づたいの土壌層の薄い場所に生えていることが多い。英国グレートブリテン島の中央部ヨークシャー地方にはムーアと呼ばれる酸性土壌の痩せた荒野が広がっている。エミリー・ブロンテの小説『嵐が丘』の舞台になった場所だが、この荒れ地の主要植生はヒースとも呼ばれるツツジ科エリカ属の低木の植物だ。これらの植物にはエリコイド菌根が形成されており、

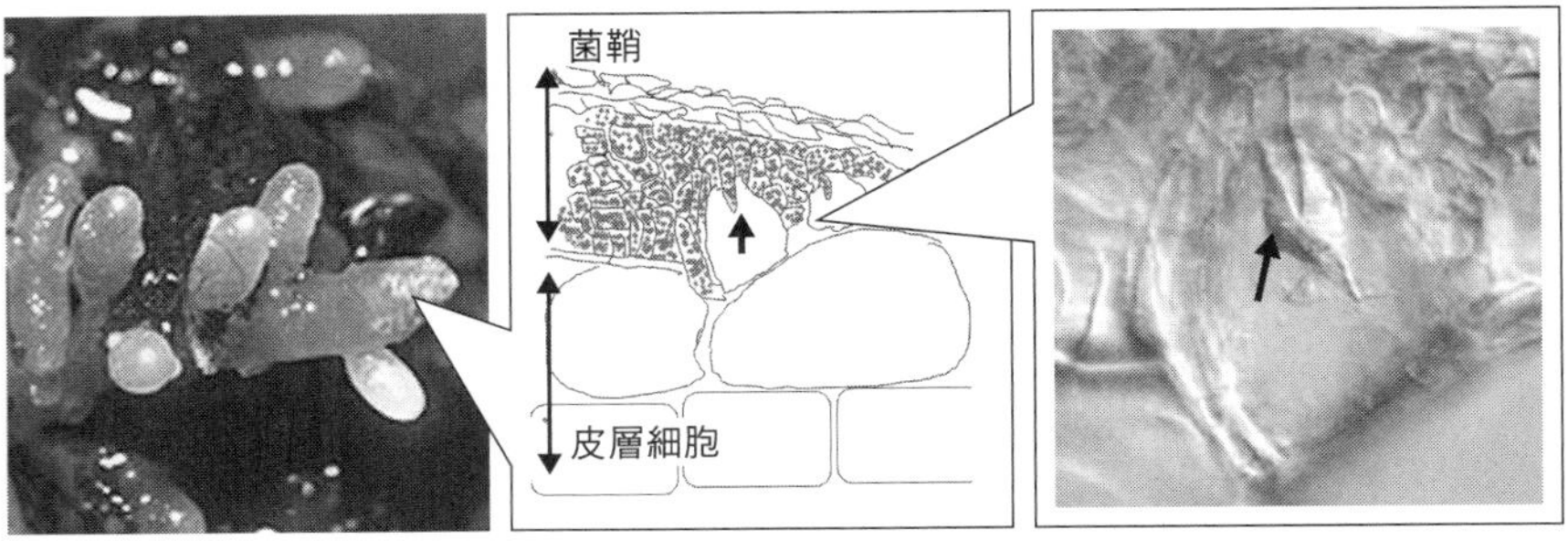

図4　無葉緑植物ギンリョウソウの根(左)と根に形成されたモノトロポイド菌根(中・右)
厚い菌鞘に覆われ、根の細胞にペグ状に菌糸が侵入している(矢印)(提供／山田明義)

表1　いろいろな菌根——菌と植物の組み合わせ

菌　根	植　物	菌	宿主特異性
アーバスキュラー菌根	コケ シダ 裸子植物 被子植物	グロムス菌亜門* ケカビ亜門	無～低 陸上植物の種の70～80%
外生菌根	ブナ目、マツ科などの木本	担子菌門 子嚢菌門	有 種子植物種の3%
ラン菌根	ラン科	担子菌門 子嚢菌門	有
エリコイド菌根 (ツツジ型菌根)	ツツジ科	子嚢菌門 担子菌門	有
アーブトイド菌根	ツツジ科などの一部 (イチゴノキなど)	担子菌門 子嚢菌門	有
モノトロポイド菌根	ツツジ科無葉緑植物（ギンリョウソウなど)	担子菌門	有

(＊グロムス菌門とされることもある)

酸性土壌で植物に害作用を示す重金属類の吸収を抑制することが知られていて、ツツジ科植物の不良環境の適応に重要な役割を果たしていると考えられている。

アーブトイド菌根は、ツツジ科のイチゴノキ属、クマコケモモ属、イチヤクソウ属の植物にある種の担子菌や子嚢菌によって形成される特殊な菌根である。根は外生菌根のような形態を示し、根の外側に菌鞘が形成されるが、皮層の細胞内にも菌糸が侵入し、コイル状の形態を示す（図3・口絵8左上）。

モノトロポイド菌根は、ギンリョウソウなどのツツジ科の無葉緑植物に形成される菌根で、菌根菌は担子菌である。モノトロポイド菌根は、皮層細胞内にくさびを打ちこんだようなペグ状に侵入している菌糸と厚い菌鞘で特徴づけられる（図4・口絵8下）。無葉緑植物は、光合成をしないので、自分で炭素化合物を合成することができず、土壌から炭素化合物を吸収している。そのため、「腐生植物」と呼ばれることがあるが、植物が腐生性の微生物のように土壌有機物を分解して利用しているわけではないので、この用語は不正確である。この植物の根に共生しているモノトロポイド菌根菌が炭素化合物を植物へ供給しているのである。そのため、「菌従属栄養植物」という言葉が使われる。これらの菌根については第6章で詳しく述べる。

それぞれの菌根における植物種と菌の組み合わせを表1にまとめておく。

緑の誕生

これらのさまざまな菌根菌は、数十億年の地球の生物の歴史の中で陸上植物を支えてきた隠れたヒーロー（あるいはヒロイン）でもある。

ここで、地球の四三億年の歴史をふり返ってみよう。*1 まだ熱かった原始地球が徐々に冷えていき、水蒸気が水となって地球上は海に覆われた水の惑星となる。三五億年くらい前に、原始の海の中で生命が発生する。やがて地殻の変動にともなって陸地が現れる。原始大陸の登場だ。はじめて地球に陸地が生まれたのは二〇億年くらい前と考えられているが、どんな様子だったのだろうか。その当時、大気の主成分は窒素と炭酸ガス（CO_2）で、生物にとって有害な紫外線（生物の遺伝情報を担うＤＮＡに損傷を与える）が降り注いでいた。当時の生物はまだ海の中に生息しており、陸地に生物は存在せず荒涼たる大地が広がっていたのであろう。

一方、海の中では、さまざまな種類の単細胞の微生物が生まれ、進化を続けていた。三〇億〜二五億年前、陸地に近い浅瀬の海では、光合成をする微生物シアノバクテリア（藍藻）が誕生する。シアノバクテリアは、CO_2を光のエネルギーで同化して有機物とする一方で、酸素を排出する。シアノバクテリアは大繁栄し、大量の酸素を放出した。まず海水中に酸素がいきわたり、海水中に溶けこんでいた二価の鉄イオンなどの還元物質が酸化された。二価の鉄イオンは三価の鉄に酸化され、不溶性で茶褐色の酸化鉄となり沈殿し、現在の鉄鉱石の鉱床となった。次いで余分な酸素が海水中から大気へと放出され、大気中の酸素ガス濃度が上昇していった。そして、酸素ガスからオゾンが生成され、成層圏にオゾン層が形成されるようになる。オゾン層は太陽からの有害な紫外線を遮る効果があり、生物が水の中から地上へ出て生きていくことが可能になった。六億年くらい前になると、シアノバクテリアや藻類と菌類の共生体である地衣類のような微生物が陸地の表面に広がり、クラスト（被膜）で陸地を少しずつ覆うようになったかもしれない。

そして、ついに四億三〇〇〇万年前ごろになると、現在のシャジクモに近い植物が陸上へ進出する。水の中で、植物は養分とCO_2を水から吸収して取りこんでいたけれど、陸上ではCO_2を大気中から、養分は土の中から取りこまなければならない。植物は、空気中に葉を伸ばして葉からCO_2を取りこみ、光を得て光合成をするようになる。養分の吸収のために、植物は根という器官を進化させ、養分を土の中から獲得する必要が生じた。しかし、当時の陸地は、これまで生物が一度も生息したことのない不毛の大地で、現在私たちが考えるような土壌はまだ形成されていない。根がまだ発達していない当時の植物はどのように養分を吸収しようとしたのだろうか。

植物と菌が出会うとき

ここで、植物と菌の出会いがある。植物は自分の体の近くで養分の吸収を助けてくれる微生物と助け合いを始めた。植物が光合成した有機物を菌類が利用し、菌類が菌糸によって吸収した養分を植物へ供給するようになったのだ。菌根共生の始まりである。はじめて陸地に進出したと考えられるアグラオフィトンという植物の化石の仮根（根がまだ十分に進化発達していない）に、現在のアーバスキュラー菌根の樹枝状体の形状に似たものが観察されている。またホルネオフィトンという植物の化石の細胞には、現在のコケにみられるケカビ亜門の菌類に類似する形態が観察されている。アーバスキュラー菌根菌であるグロムス菌亜門の菌類の進化の過程をたどると、この菌が類縁の菌類から分かれて進化したのはちょうど五億〜四億年前と考えられている。陸上植物はアーバスキュラー菌根菌との菌根共生によって、陸上で根から養分を吸収して生育するというライフスタイルを確立し、さらに進化を進めることになったのだろう。[*2]

四億年前になると、維管束や根を発達させたシダ類が登場する。シダ類は巨大化し、三億五〇〇〇万年前には、地上に大森林が出現した。その根にはアーバスキュラー菌根菌が共生していただろう。当時の大気には現在の地球の大気の二〇倍以上の高濃度のCO_2が含まれており、そのCO_2はどんどん光合成で有機物へと変えられた。そのころ、植物の木質成分であるリグニンを分解する微生物はまだ現れていなかった。そのため、光合成によってCO_2から有機物となった炭素はそのまま蓄積する一方で、それが化石となって現在の石炭となった。地質学的に、この時代（三億六〇〇〇万〜三億年前）のことを石炭紀と呼んでいる。樹木の構成成分であるリグニンを分解する微生物は、担子菌類というキノコの仲間であるが、リグニンを分解できる担子菌類が登場するのは石炭紀の終わる三億年前ごろになる。そ

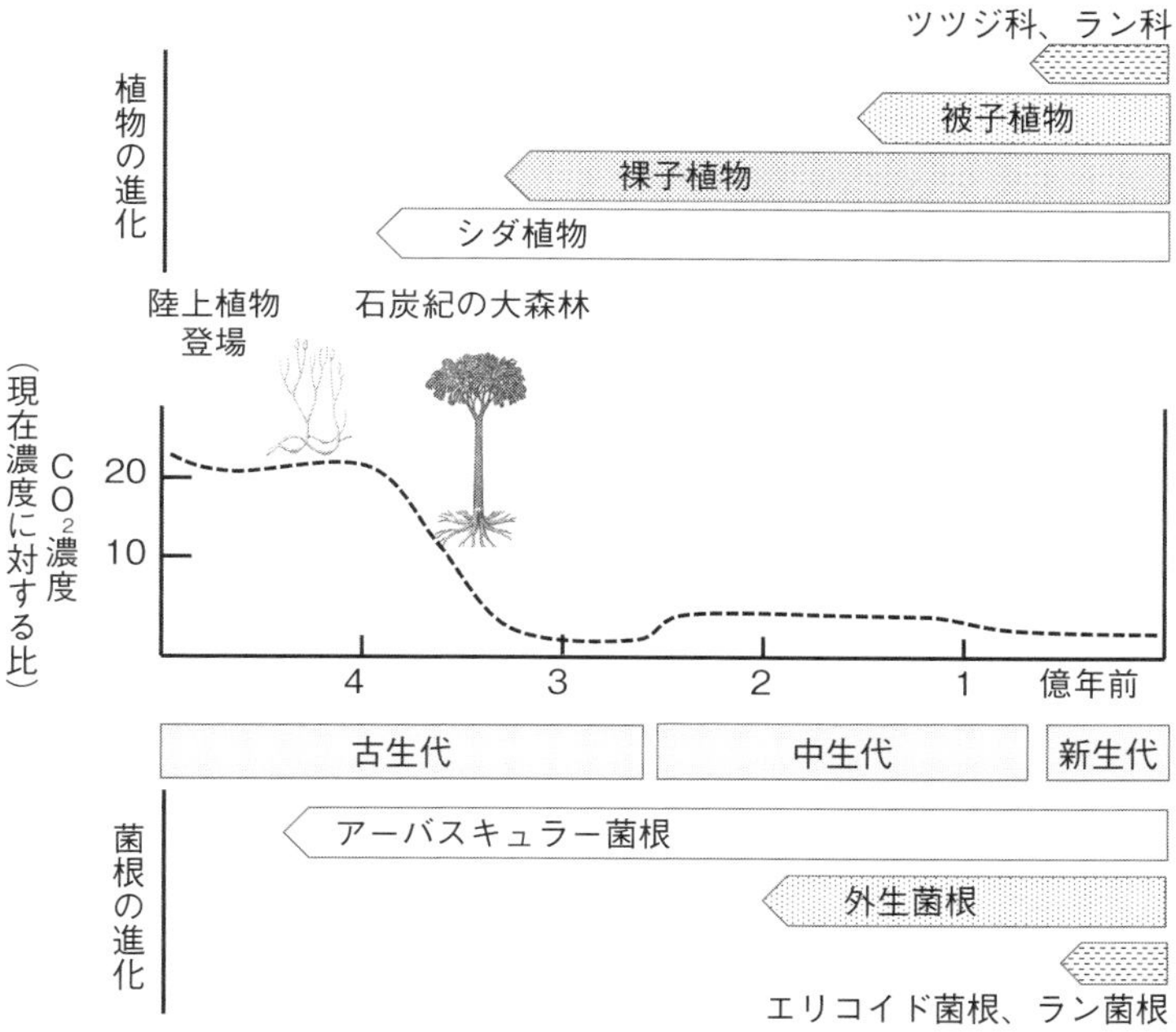

図5　大気中のCO_2濃度と植物と菌根の進化

のころになると、大気中のCO_2濃度は低下し、現在の濃度に近づいている。大気中のCO_2が石炭の形で地中に封じこめられてきたが、産業革命以降の人類がこれを掘り出して燃料として燃やしつづけて大気中のCO_2濃度を上げ、地球の温暖化を引き起こしているのは皮肉なことである。

石炭紀の終わりごろになると針葉樹の祖先が現れ、中生代の中ごろ（一億五〇〇〇万年前）になると被子植物が現れる。陸上植物が登場したときに始まった菌根共生を受け入れるという特徴が、それらの植物へ遺伝情報として受け継がれていく。アーバスキュラー菌根共生は、陸上植物の約八割の種に見出されているが、それはこうした長い長い共進化の歴史の結果なのであろう。一方で、菌類も進化し多様化し、子嚢菌や担子菌が現れる。植物の生息環境も時代とともに変化するなかで、新たな菌根共生も登場する。キノコは腐りやすいので化石は少なく、もっとも古い化石は一億一〇〇〇万年前と言われている。また外生菌根の化石もきわめて少なくもっとも古いものは五〇〇〇万年前のマツの根に見つかっている。しかし、それよりはるか前、マツなどの針葉樹の祖先が現れた二億年前には担子菌と樹木の共生である外生菌根も発達していたことだろう。

花を咲かせる被子植物が登場するのは中生代の一億五〇〇〇万年前だが、ランやツツジは一億〜七〇〇〇万年前に登場したと推定されている。これらの植物に、これまで腐生的に生活していた土壌菌類が共生するようになり、ラン菌根やエリコイド（ツツジ型）菌根が生まれたと考えられている。

このように地球の歴史ではじめて陸上に現れた陸上植物は、最初から菌根菌という菌類と菌根共生を形づくり、菌と植物がともに進化し、環境に適応することによって、この地球を緑で覆うようになったのである（**図5**）。

コラム●菌根と共生——用語の使い方

「菌根」(mycorrhiza)という言葉は、ギリシャ語の菌を意味するmykesと根を意味するrhizaとを合わせたもので、一九世紀後半のドイツの菌学者でもあり植物学者でもあるアルベルト・フランクが最初に用いたと言われている。序章で述べたように、植物根と菌類の統合体を意味する用語である。

一方、「共生」という言葉は、文字通り「共に生きる」ということで、幅広くいろいろな意味で使われているが、もともとは生物学用語であり、「シンバイオシス」(symbiosis)の訳語で、「共に」の意味の接頭語symと、「生き物」のbioを連結した用語である。こちらもフランクが最初に使ったと言われているが、ほぼ同じころ、菌学者で植物病原微生物学の父とも呼ばれるアントン・ド・バリーは「シンバイオシス」を「異なる種類の生物がお互いに接して共存している」と定義し、植物寄生菌であるさび病菌やうどんこ病菌なども、この用語の下で論じていた。

「共生(シンバイオシス)」という言葉は、その後、異なる生物間の相互作用、特に相利的な関係を示す言葉として使われるようになった。高校の「生物」の教科書をみると、異なる生物種間の相互作用として、競争、捕食などと並んで共生が説明されている。つまり、異なる生物種がともに利益を受ける関係にある相利共生、どちらか一方の種だけが利益を受ける片利共生、一方の種が相手方の種から栄養分を奪い不利益を与える寄生、と生物間の利害関係の面から説明されている。当初の「異なる種類の生物がお互いに接している」状態という意味から離れて、アリとアブラムシ、クマノミとイソギンチャクなどのように離れて生活する動物の間の相利的な関係についても共生という言葉で説明されている。

ところで、植物と微生物の共生では、菌根とともに、マメ科植物と根粒菌の関係がよく知られている。根粒菌はマメ科植物の根に共生して根粒を形成し、大気から窒素を固定してマメ科植物へ供給する。根粒菌も菌根菌も、エネルギー源となる炭素を植物の光合成産物に依存しており、習慣的に共生のパートナーとしての植物を「宿主」（host plant）と呼ぶことが多い（第1章）。しかし、第6章で紹介されている菌従属栄養植物の場合は、植物が菌に炭素源を依存しているので、この場合、「宿主植物」と言うよりは、「菌へ寄生する植物」であり、宿主は菌と言えるかもしれない。また一般的に、菌根共生において、菌根菌の種類や環境条件によっては、植物の生育が菌根菌によって抑制される場合もあることが知られている。つまり、菌根菌が植物に対して寄生的な関係になる場合もあるのである。このように、私たちが「菌根共生」と呼ぶとき、それは菌が植物根と統合体を形成していることを意味しており、共生とは言っても相利的な関係だけを示すものではない。

（齋藤雅典）

第1章

土の中の小さな宝石
——アーバスキュラー菌根菌

齋藤雅典

心を虜にする輝く胞子

畑や草地、あるいは雑草の生えているような庭の土を、水の中でよくまぜ、土の粒子を指先でよくつぶしてドロドロとなった水を〇・一ミリメートルくらいの細かい目の篩《ふるい》に通す。その篩の上に残った部分を実体顕微鏡の下で注意深く観察すると、一〇〇〜五〇〇マイクロメートルくらいのキラキラする透明〜白色〜茶色の球状あるいは不定形の物体を見つけることができる（篩い分け法という）。なかには真珠のように白く輝き、息をのむように美しいものもある。これがアーバスキュラー菌根菌（AM菌とも呼ばれる）の胞子である（**図1・口絵1**）。一つの胞子の中に数百〜数千もの核を含む多核性の菌類である。

私が、アーバスキュラー菌根菌の胞子をはじめて観察したのは、駆け出しの研究員として、盛岡の東

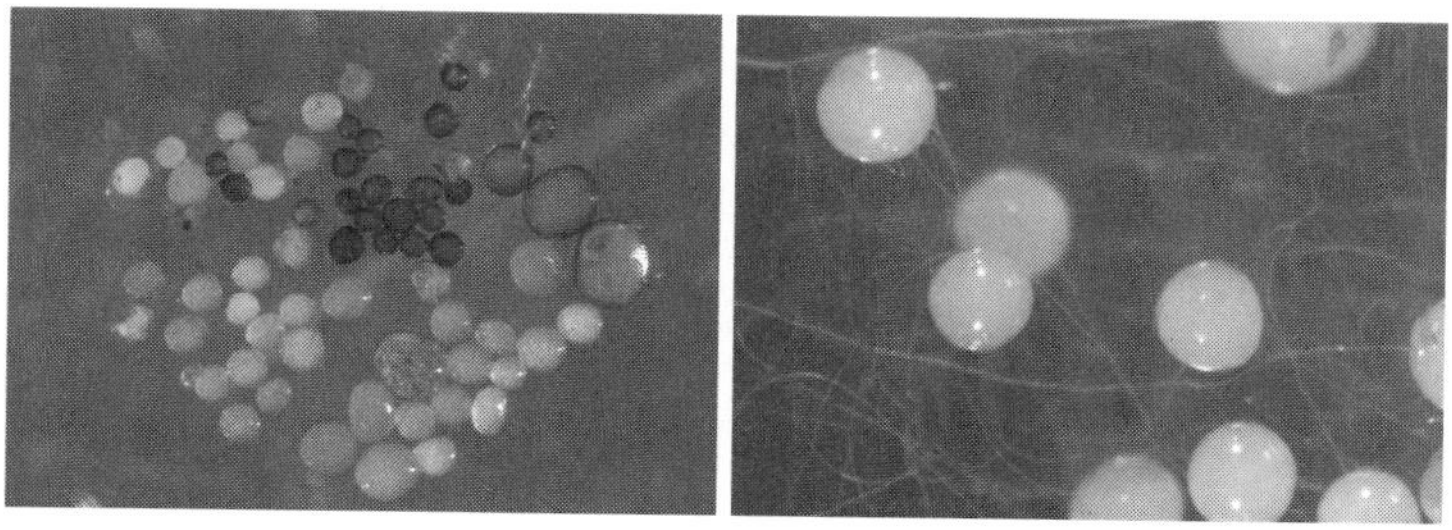

図1　アーバスキュラー菌根菌の胞子
左：土壌から分離したさまざまな色、形態の胞子
右：ギガスポラ・マルガリータの胞子。直径は 300 ～ 400 μm

北農業試験場（現・東北農業研究センター）に勤務していた三〇代に入ったばかりのころだった。つくばの小川真研究室（当時の林業試験場、現・森林総合研究所）にアーバスキュラー菌根菌（当時はVA菌根菌と呼んでいた）の取り扱いを習いにいった。はじめてみるアーバスキュラー菌根菌胞子は、これまで観察してきた土壌中の細菌や糸状菌とは、サイズだけでなく形態もまったく異なり、さらに、根の中に感染しているアーバスキュラー菌根菌の菌糸、特に、細胞内に充満する樹枝状体（アーバスキュル）の形状は驚異的だった（**図2**）。この時以来、アーバスキュラー菌根菌、特に、真珠のように白く輝くギガスポラ・マルガリータ（この学名は「大きな胞子・真珠」の意味）の胞子と、人の心にからみつくような樹枝状体の虜になってしまった（**図1右**）。

アーバスキュラー菌根菌を観察する

アーバスキュラー菌根は、さまざまな菌根の中でもっとも普遍的な共生で、内生菌根という根内に共生器官を形成するグループであ

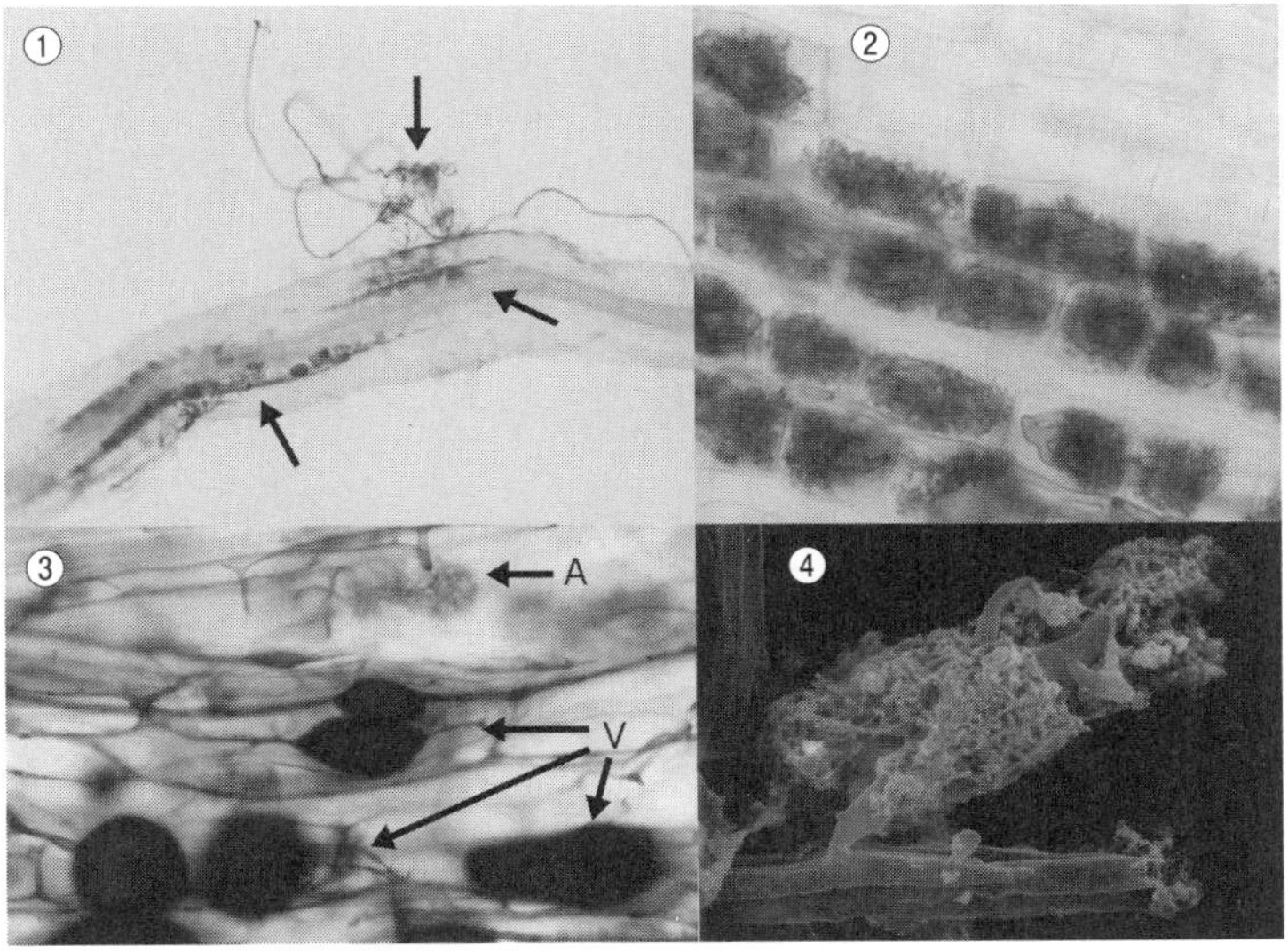

図2　アーバスキュラー菌根
①ミヤコグサの根へ付着し、侵入するアーバスキュラー菌根菌の菌糸（提供／小八重善裕）
②ダイズの根に形成された樹枝状体（提供／小八重善裕）
③ネギの根の樹枝状体（A）と嚢状体（V）
④酵素消化法でタマネギの根から分離した樹枝状体（提供／菅原幸哉）

る。アーバスキュラー菌根菌は植物の根の中に樹枝状体や嚢状体という器官を形成して増殖するとともに、根の外側の土壌中に菌糸を伸ばしている。そして、植物の光合成の産物である糖などの炭素源を植物からもらう一方で、アーバスキュラー菌根菌が土壌から吸収したリン酸などの養分を植物へ供給している。アーバスキュラー菌根菌がリン酸の少ない土壌でも効率よく土壌からリン酸を吸収し、宿主である植物へ供給することで、植物の生育は改善される（**図3**）。そのため、この菌根菌を利用して、農作物の生育を改善するこ

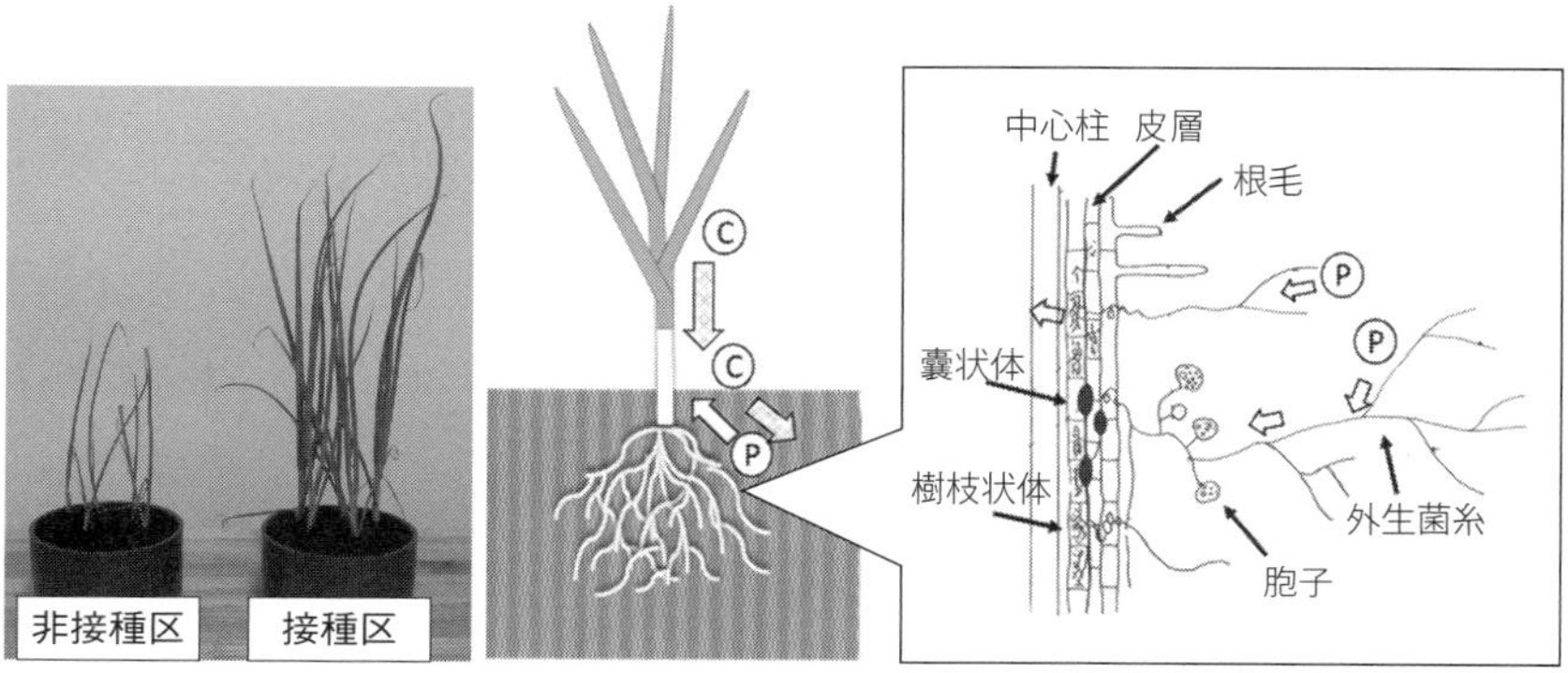

図3　アーバスキュラー菌根の模式図（右）とアーバスキュラー菌根菌のネギへの接種効果（左）
接種したものは非接種より非常に生育がよい。土壌中のリン酸（Ⓟ）を根から土壌中へ伸びた外生菌糸（根外菌糸とも呼ばれる）が吸収し、植物へ供給する。植物からは光合成産物（Ⓒ）が菌根菌へ供給される

とができると期待されている。

しかし、アーバスキュラー菌根菌は、大腸菌やコウジカビなどの普通の微生物のように栄養分を含んだ寒天培地の上で培養することはできない。植物に共生しないと増殖できないのである。これを「絶対共生」と呼んでいる。この菌根菌を研究し、その利用技術を開発するためには、アーバスキュラー菌根菌を分離し、増殖させる必要があるが、どうすればよいのだろうか。

まず、アーバスキュラー菌根菌が植物の根の中に共生しているかを観察してみよう。草本類の多くの植物の根にアーバスキュラー菌根菌が共生している。空き地の雑草や畑の作物の根を掘り出してきて、細根を、流水でていねいに洗い、超音波洗浄機（メガネや貴金属の洗浄用に市販されている小さなものでもよい）で根のまわりの土壌粒子を落とす。きれいになった根を水酸化カリウム溶液に入れ九〇℃くら

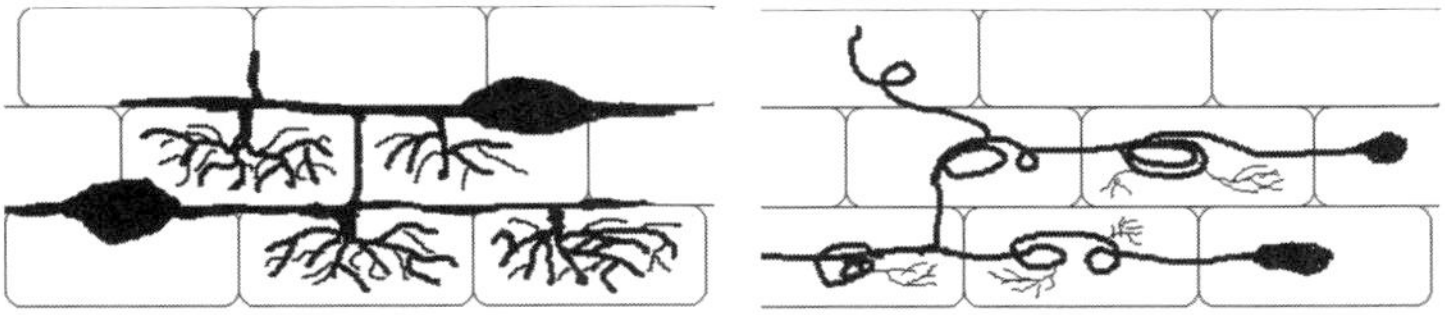

図4　アーバスキュラー菌根におけるアラム（*Arum*）型（左）とパリス（*Paris*）型（右）

いで一時間ほど加熱して植物中のタンパク質などを取りのぞき、その後、やわらかく透明になった根を水と希塩酸で洗浄して、トリパンブルーなどの染色液で染めると、根の中に共生しているアーバスキュラー菌根菌の独特な形態の菌糸（樹枝状体や嚢状体）を観察することができる。アブラナ科やアカザ科などの一部の植物種をのぞけば、たいていの植物の根でアーバスキュラー菌根菌が共生している様子を観察できる（**図2**）。

さて、見た目は普通の健全な根の中に、菌類が共生している内生菌根が発見されたのは一九世紀の中ごろであると言われている。一九世紀末に、J・ジャンセが根内の胞子状の形態をベシクル（vesicles、嚢状体）と呼び、その後、一九〇五年にI・ギャローが内生菌根の驚くべき詳細な図を発表し、植物細胞内に細かく分岐する菌糸組織が、まるで枝を伸ばした樹木のようであることから、フランス語の樹木を意味するアーブ（arbre）からアーバスキュル（arbuscule、樹枝状体）と呼んだ。[*1]

ギャローは、現在アーバスキュラー菌根と呼んでいる菌根には、樹木のような細かな樹枝状体を発達させ、細胞の間隙に菌糸が伸びるアラム型と細胞内にコイル型の菌糸を形成し、細胞と細胞を突き抜けるように菌糸が伸長するパリス型に分けられることを報告している（**図4・口絵2**）。この名前は、サトイモ科のアラム属（*Arum*）の植物と、ユリ科のツクバネソウ属（*Paris*）の植物で特徴的にみられたことからつけられた。アラム型とパリス型の違いは、植物の種類によっておおよそ決まっているが、この両方の特徴をあわせもつ中間的なタイプもしばしば観察される。日当たりのよい環境の植物種にはアラム型、林床のような環境の植物種にパリス型が多いようである（第6章）。

ところで、ギャローの論文に先だつ一九〇〇年に、竹の成長について形態学的な観察を行い、根の皮層細胞にコイル状の菌糸が充満していることを観察している日本人研究者がいた。当時の東京帝国大学・植物学教室で形態学研究を進めていた柴田桂太である。残念ながら柴田は菌根の研究を続けることはなかったが、その後、生理化学的研究へ転じ、フラボンやアントシアンの研究で日本の植物生理化学研究の礎を築いた。

分離し、同定し、分類する

アーバスキュラー菌根菌が共生している植物の根の周囲の土壌中には、アーバスキュラー菌根菌が菌糸を伸ばして、胞子を形成している可能性が高い。そこで、章のはじめに説明した篩い分け法で、土壌から胞子を分離する。その胞子を宿主となる植物の根に接種し、アーバスキュラー菌根菌を植物へ共生させるのである。その際、土壌中にもともと存在するアーバスキュラー菌根菌をのぞくために、殺菌土壌を用いたポット栽培によって行う。用いる植物は、クローバやソルガムなどのマメ科やイネ科牧草が用いられることが多いが、アブラナ科やアカザ科など一部をのぞけば基本的になんでもよい。アーバスキュラー菌根菌のおもしろいところは、共生する相手の植物の種類を選ばないことである。一般に、植物と微生物のように異なる生物同士の共生関係では、相手の種類がはっきりと決まっている。たとえば、マメ科植物の根に共生する根粒菌の場合、ダイズ根粒菌はダイズにしか共生できず、他のマメ科植物へ共生できない。こうした関係のことを「宿主特異性」と呼ぶが、アーバスキュラー菌根菌の宿主特異性はとても低いのである。これは、序章で述べたように、植物とアーバスキュラー菌根菌の長い共進化の歴史の賜物《たまもの》なのだろう。

さて、殺菌土壌へ接種した胞子だが、根の近くで発芽し、菌糸を伸ばし、根へたどりつくと、根の表面に付着器と呼ばれる拠点を形成して、そこから根の中へと菌糸が伸長する。菌糸は根の皮層の細胞の間隙あるいは細胞内部へ菌糸を伸ばし、細胞内に樹枝状体（アーバスキュル）および嚢状体（ベシクル）を形成する（**図2**）。

以前は、ベシクルとアーバスキュルの両方を形成するベシキュラー・アーバスキュラー菌根菌、あるいはその頭文字をとってVA菌根菌と呼ばれていた。しかし、アーバスキュラー菌根菌の一部には、ベシクルを形成しない種が存在することから、より普遍的な樹枝状体（アーバスキュル）を形成する菌根菌として「アーバスキュラー菌根菌」という呼称が定着した。頭文字で略すとA菌根菌となるが、わかりにくいので菌根（マイコリザ）の頭文字Mと合わせて、AM菌とも呼ばれる。アーバスキュラー菌根菌では長いので、AM菌という呼称も広く用いられているが、AM菌では、類似する名称をもつ微生物資材とまちがわれることが心配で、私は、一般市民の方々への講演などでは「アーバスキュラー菌根菌」と呼ぶようにしている。

植物の根に共生するアーバスキュラー菌根菌は根の内部から土壌中へ菌糸を伸ばし、土壌からリン酸などの養分を吸収して、植物へ供給し、植物の生育を促進する。植物は、その代わりにアーバスキュラー菌根菌へ植物の光合成産物を供給する（**図3**）。つまり、アーバスキュラー菌根菌と植物は、養分の授受を通して、お互いに恩恵を得ているのである。このような関係を生態学では、「相利共生」と呼ぶ。

アーバスキュラー菌根菌と植物の共生がうまく成立すると、アーバスキュラー菌根菌は、土壌中に胞子を形成する（一部の菌は根の内部に胞子を形成する）。これらの胞子は土壌中で休眠し、新たな根が近づき、環境条件が整うと発芽し、また根へ感染する。先ほども述べたが、宿主である植物に共生しなければ、アーバスキュラー菌根菌は次世代の胞子を形成することができない。

このような気難し屋の菌であるアーバスキュラー菌根菌であるが、菌の種類を同定するのもなかなか厄介である。菌類の同定は基本的に菌の形態、特に胞子などの生殖器官の形態にもとづいている。アーバスキュラー菌根菌の胞子の形態といっても、**口絵1**のように、色合いはさまざまであるもののどの菌も球形あるいは楕円球形で特徴に乏しい。そのため、胞子をスライドガラスの上でカバーガラスをかけて押しつぶし、つぶれた胞子の内部構造、特に、胞子壁の構造を詳細に観察する。他の菌類でもそうだが、こうした形態観察には経験とコツが必要である。私がアーバスキュラー菌根菌の研究を開始した一九八〇年代、こうした技術をもっている日本人研究者はおらず、文献をもとに手探りの状態が続いていた。一九八七〜一九八八年に、英国ロザムステッド試験場に留学する機会があり、クリスティーヌ・ヘッパーの下でアーバスキュラー菌根菌の生理的な研究の手ほどきを受けた。しかし、アーバスキュラー菌根菌の分類や同定には、ヘッパーも詳しくはなかった。帰国後、手探りの状態で農耕地から分離したアーバスキュラー菌根菌の同定を行い、土壌微生物学会（当時は、土壌微生物研究会）の会誌に発表した。その論文を何人かの著名なアーバスキュラー菌根菌研究者に送ったところ、英国のクリス・ウォーカーから貴重なコメントを含む返信をいただいた。それが縁で、ウォーカーを日本へ招聘し、アーバスキュラー菌根菌の分類・同定に必要なさまざまな手法を教えてもらうことができた。

当時、私は東北の地から栃木県那須塩原市の草地試験場（その後、組織改編により次々と名称が変更）の土壌微生物研究室に転勤し、アーバスキュラー菌根菌の研究に本格的に取り組みはじめていた。微生物研究の基盤としてさまざまな種類の菌株を収集保存することが重要と考え、日本国内から分離したアーバスキュラー菌根菌のコレクションづくりに取り組むことにした。国際的には、すでに米国や欧州にアーバスキュラー菌根菌に特化した微生物菌株保存施設があった。

ここで問題となるのは、アーバスキュラー菌根菌の絶対共生という性質である。分離しても長期保存はできないのである。微生物の菌株を保存する施設はいろいろとあるが、農林水産省の傘下の研究所では、農業生物資源研究所（現・農研機構・遺伝資源センター）に微生物ジーンバンクがある。しかし、凍結保存できないアーバスキュラー菌根菌を同研究所で保存することは難しく、当初はジーンバンクに受け入れてもらえなかった。その後、関係者の協力で、栃木の私の研究室で菌株を一〜二年に一度、ポット栽培で植物へ共生させ、新たな胞子の増殖を図るという植え継ぎを行い、ジーンバンクへ菌株名の登録を行う形で菌株保存できることになった。その後、後任の研究者がさらに分離菌株を増やした。国際的にみれば保存菌株数はきわめて少ないものの、農研機構・農業生物資源ジーンバンクの公式の菌株番号であるMAFF番号を付した菌株の保存を継続している。これらの菌株は国内外の研究者の研究材料として活用されている。

分類体系の見直しにつながる発見

那須塩原の草地試験場の飼料畑から分離したアーバスキュラー菌根菌の一種を、単胞子分離（胞子一個を植物根に接種し、その植物個体をポット栽培して単胞子由来の菌の増殖を図る）によって純化したところ、この菌は二種類の形態の異なる胞子を形成した。それらは、これまでグロムス属、アカウロスポラ属という異なる属の種として記載されてきていた異名同種であった（図5）。これは新発見だと喜んでいたら、米国ウェストバージニア大学でアーバスキュラー菌根菌の世界的カルチャーコレクション（菌株保存施設）を主導していたジョー・モートンらが先に論文を発表した。科学の世界では最初に論文として発表したほうが勝ちなのである。新種としての記載は彼らのグループに遅れをとってしまった。

そのころ、形態にもとづく古典的な分類同定は大きく変わろうとしていた。遺伝子のDNA塩基配列にもとづく微生物の分類法が開発され、一九九〇年代ごろから菌類の分類にも広く応用されるようにな

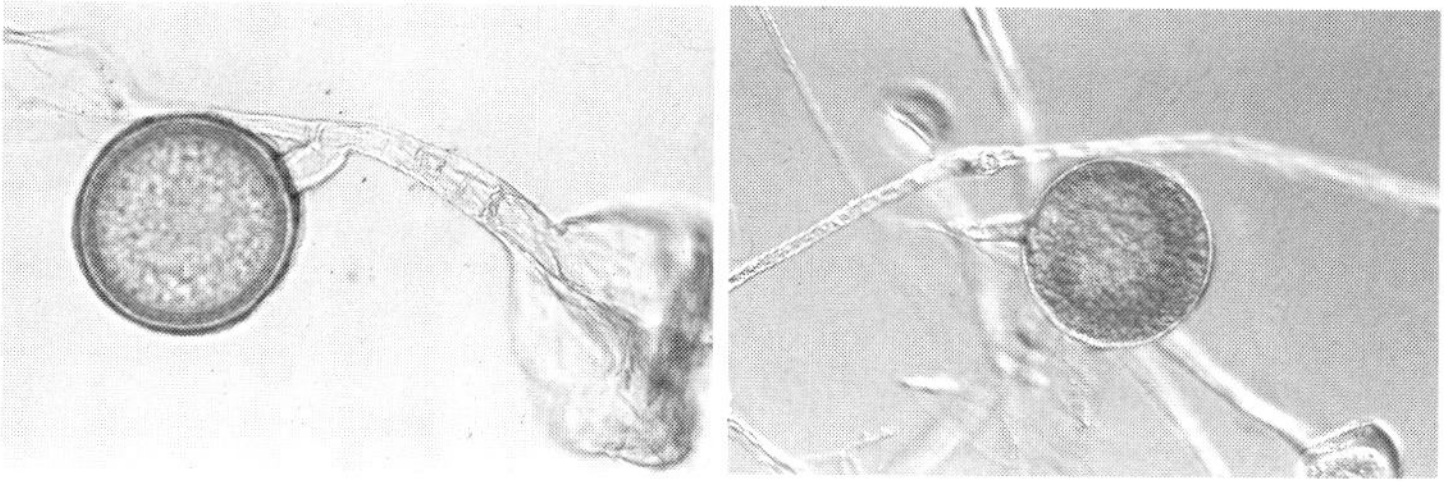

図５　異なる形態の胞子を形成するアーバスキュラー菌根菌
ウォーカーらによる再分類によってアムビスポラ・レプトティシャ（*Ambispora leptoticha*）と命名された。
左：アカウロスポラ型。はじめ菌糸の先端が膨潤し、次いで手前に新たな胞子が形成され、それが成熟する。最初の胞子内容物は成熟胞子へ移行し、空になる
右：グロムス型

った。特に、ごく微量のＤＮＡを増幅する技術であるＰＣＲ法（ポリメラーゼ連鎖反応法）が普及し、胞子一個からでもＤＮＡを抽出・増幅して、塩基配列を決定できるようになった。そこで、私の研究室の博士研究員であった澤木弘道に、この菌のリボソームＲＮＡ遺伝子にもとづく分子系統を調べてもらった。すると、本種は当時知られていた六つの属から成るアーバスキュラー菌根菌とは異なる新規な系統であった。*2 この発見は、その後のアーバスキュラー菌根菌の分類体系の全面的な見直しにつながった。その後、ウォーカーらが、この菌を含む類縁の菌群を整理し、アムビスポラ属という新属を提案した。

私がアーバスキュラー菌根菌の分離収集を始めた一九九〇年のはじめには、アーバスキュラー菌根菌は接合菌類に位置づけられ、一目三科六属約一〇〇種に分類されていた。その後の研究の進展にともない、菌類の中でもきわめて独自の系統であることが明らかにされ、二〇〇一年には門レベルで独立した菌類グループ・グロムス菌門が提案された。

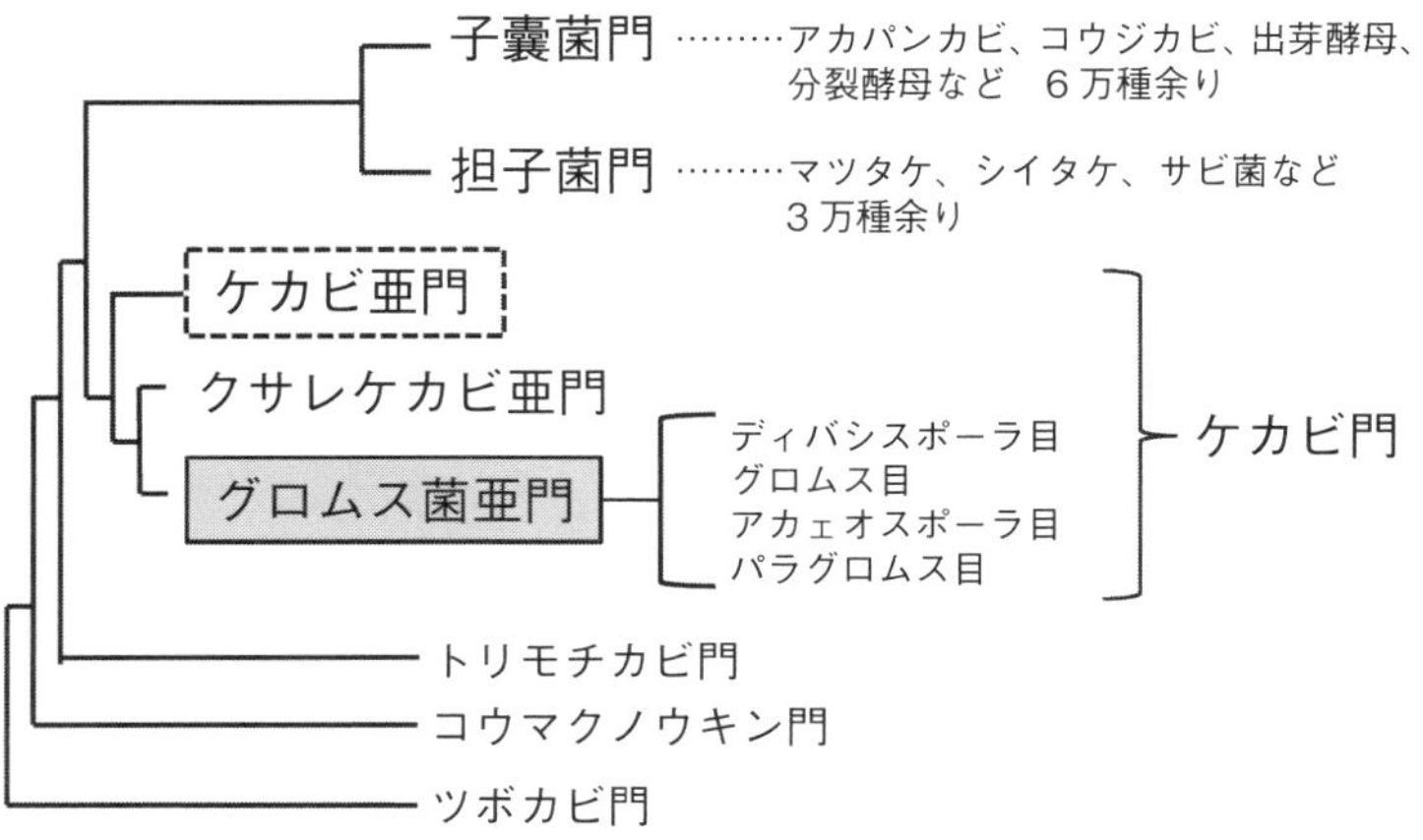

図6　ゲノム配列にもとづく菌類の系統関係（＊3）
既知の菌類の多くの種は子嚢菌門、担子菌門に含まれる。ケカビ門の中に位置づけられているグロムス菌亜門は4目12科に分かれ、約300種が報告され、1種をのぞき、すべてアーバスキュラー菌根を形成する。グロムス菌門として独立した門（phylum）とすべきとの意見も根強くある（＊4）

その後、菌類のゲノム解読が進み、ゲノム全体を比較する方法により、二〇一六年にケカビ門の中のグロムス菌亜門として位置づけられている（**図6**）[*3]。しかし、グロムス菌門という独自の系統とすべきとの意見も根強くある。グロムス菌亜門には、現在では四目一二科三〇以上の属と約三〇〇種が記載されている[*4]。しかしながら、記載されている種の情報は不十分なものが多く、また、カルチャーコレクションに維持されている菌株はそのうちのごく一部である。いずれにしろ、グロムス菌亜門に属する菌は、ジェオシフォンという地衣を形成する一種をのぞき、すべてアーバスキュラー菌根菌である。このことは菌類の進化の初期の段階、つまり植物が陸上へ進出した四億三〇〇〇万年前にアーバスキュラー菌根菌の先祖は植物との共生の道を歩み、その後も植物と共生しつつ、この系統を維持してきたと考えられている（序章）。

また、二〇一八年、グロムス菌亜門と近縁のケカビ亜門の菌類がアーバスキュラー菌根を形成することが発見された。この菌が形成するアーバスキュラー菌根と形態的に類似する化石も発見され、この菌の菌根共生の進化が注目されている（第5章）。

一方、植物の根からDNAを抽出し、そこから根に共生しているアーバスキュラー菌根菌の遺伝子をPCR法で増幅して調べることによって、植物の根に共生しているアーバスキュラー菌根菌の種類を推定できるようになった。個々のアーバスキュラー菌根菌を分離して調べなくても、根から抽出したDNAから菌根菌の種類を調べることができるので、こうしたDNAにもとづく菌根菌の種類に関する情報は爆発的に増え、膨大なデータがDNAデータベースに蓄積されている。データベースから推定されるヴァーチャル※な分類基準は四〇〇〇以上に区分されるが、それらの地球上での地理的な分布の違いはきわめて小さく、世界中どこでもアーバスキュラー菌根菌の菌相は似ていることが示されている[*5]。これが、アーバスキュラー菌根菌が進化的に古く、大陸移動などで地理的な隔離が起こる前に世界中に広がったためなのか、風や水による移動なのか、あるいは、物の輸送など人間の活動によるものなのかは、今後の研究を待たなければならない。

※——「ヴァーチャル」と言われているのは、DNAの塩基配列情報のみで、菌そのものの分離培養をともなっていないからである。

根が菌を呼び寄せる

土の中のアーバスキュラー菌根菌の胞子は発芽して菌糸を伸ばすが、どのように植物の根を探し出すのだろうか。また、植物の根はアーバスキュラー菌根菌と他の菌類をどのように識別して、共生関係を結ぶことになるのだろうか。

一九八〇年代から、土の中のアーバスキュラー菌根菌がどのように植物の根を探し出しているかに関心を示す研究者は少なくなかった。根から何らかの物質が分泌され、胞子の発芽を促進したり、発芽菌糸の伸長を促進したりすることが観察されてきたが、その実体は不明なままだった。この疑問に対する回答を示したのは日本の研究である。大阪府立大学の秋山康紀らは、アーバスキュラー菌根菌ギガスポラ・マルガリータの胞子が発芽後、植物根の存在下では発芽菌糸が分岐し、その後に根組織への接触と菌糸侵入が起こることに着目した。そして、植物の根から何らかの物質が分泌され、アーバスキュラー菌根菌菌糸の分岐を促進しているものと考え、その菌糸分岐促進物質の探索を進めた。数年にわたる地道な研究の結果、ミヤコグサの根から分泌されるごく微量の菌糸分岐促進物質の分離・同定に成功した。卓越した天然物有機化学者である秋山でないとできない成果であり、二〇〇五年ネイチャー誌に発表された。[*6] 激しい国際競争を勝ち抜いて明らかにされた菌糸分岐促進物質は、ストリゴラクトンという物質で、植物の根に寄生する植物ストライガの種子の発芽促進物質として知られているものであった。通常

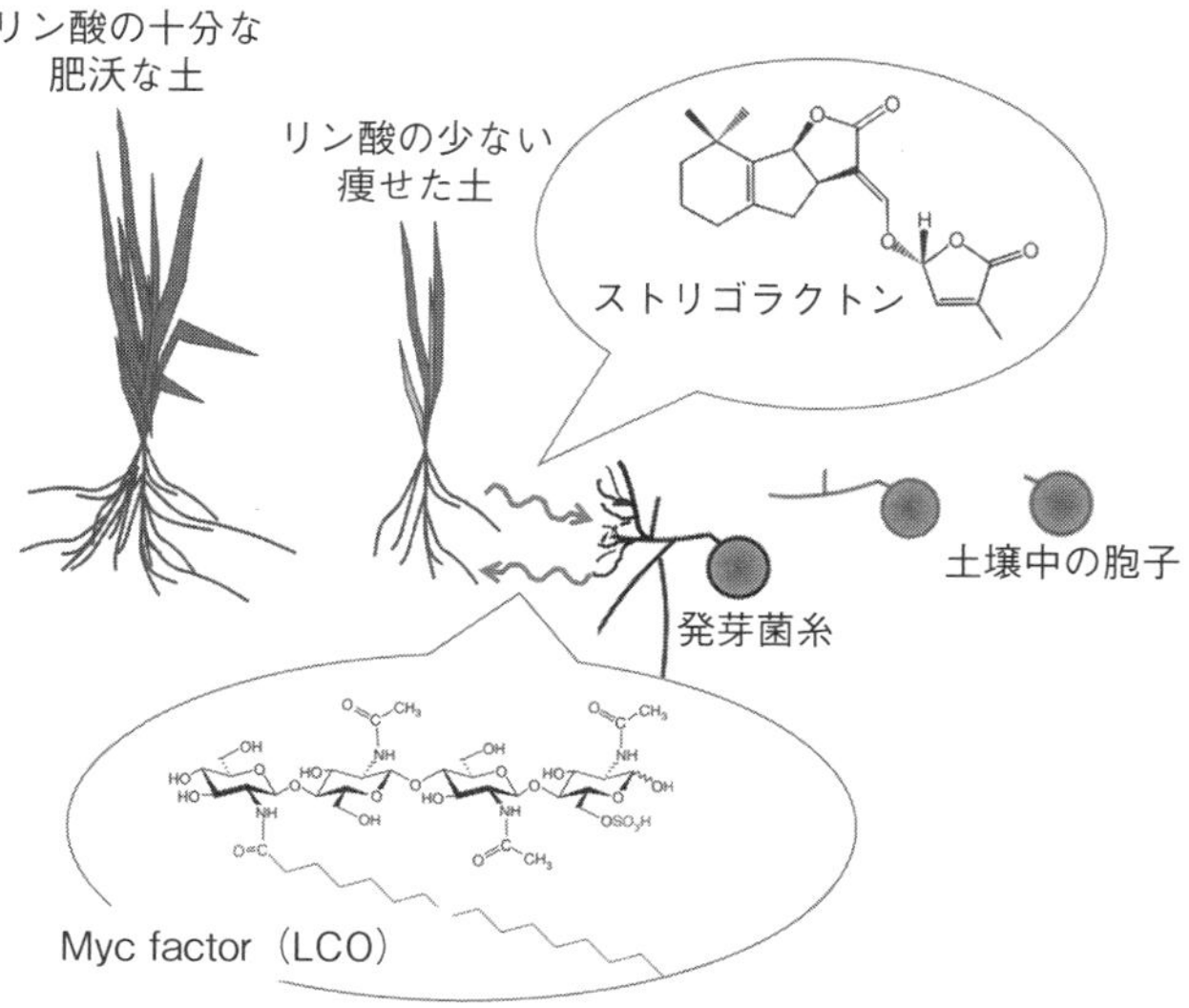

図7　アーバスキュラー菌根菌と植物はどのように相互認識するか
ストリゴラクトンは植物の枝分かれを調節する植物ホルモンであり、痩せた土壌で生育する植物が過剰な枝分かれをしないように働いている。その時、根から分泌されるストリゴラクトンはアーバスキュラー菌根菌の菌糸の分岐を促進して、菌を呼びよせる。植物の近くまで菌糸を伸ばしたアーバスキュラー菌根菌はリポキチンオリゴサッカライド（LCO）と呼ばれる物質を分泌し、植物へ菌の存在を知らせる

の植物ホルモンなどの生理活性物質よりもはるかに低い濃度で活性を示す物質である。秋山らの発見の数年後、このストリゴラクトンは植物の枝分かれを制御する植物ホルモンであることが明らかになった。

ストリゴラクトンは植物がアーバスキュラー菌根菌を誘導するためのシグナル物質と言えるが、植物側はどのようにアーバスキュラー菌根菌を認識しているのだろうか。アーバスキュラー菌根菌から何らかの物質が分泌され、それを植物が認識して、アーバスキュラー菌根菌との共生を受け入れるのではないかと、世界中の研究者が

この物質を探し求めた。この競争では、フランスの研究グループが、植物がアーバスキュラー菌根菌を認識するシグナル物質がリポキチンオリゴサッカライド（ＬＣＯ）という物質であることを明らかにした。

植物は、リン酸などの養分が十分にある環境ではどんどんと旺盛に生育する。ところが、養分が不足すると体内で枝分かれを抑制する植物ホルモンであるストリゴラクトンを合成し、むだな枝分かれを制御しようとする。その時に、根から土壌中へストリゴラクトンが分泌される。そのストリゴラクトンを検知したアーバスキュラー菌根菌は菌糸を分岐し、植物の根に接近し、ＬＣＯを分泌し、植物に認識してもらって、根の中へ菌糸を伸長し、共生が成立する。そして吸収したリン酸を植物へ供給して、植物の生育を改善すると考えられている。つまり、植物とアーバスキュラー菌根菌は、根から分泌されるストリゴラクトン、菌から分泌されるＬＣＯを通して、相互に認識して共生を開始するのである（図７）。

アーバスキュラー菌根菌はどうやって植物と物質のやりとりをしているか

植物の根に共生したアーバスキュラー菌根菌は、根の内部で樹枝状体を形成し、土壌中へ伸ばした菌糸でリン酸を吸収し植物へ供給する。一方、アーバスキュラー菌根菌は植物から炭素源として光合成産物を得ている。こうした養分授受の関係は、どのように明らかにされてきたのだろうか。

先に述べたように、根の内部に菌類が生息していることは古くから観察されていたが、当時は、これらの菌類の役割はわかっておらず、多くの研究者は病害を引き起こしているのではないかと考えていたようである。これらの菌類の植物の生育への影響が明らかにされるのは、第二次世界大戦後である。
この章のはじめで説明した篩い分け法を考案したJ・ガーデマンらは、この方法で土壌中から分離した胞子を殺菌した土壌へ接種し、そこで植物を栽培することによって、植物根に樹枝状体と嚢状体が形成されたことを示し、この胞子がアーバスキュラー菌根菌の担い手であることを明らかにした。さらに、バーバラ・モッセは、アーバスキュラー菌根菌の胞子をリンゴの挿し木に接種し、アーバスキュラー菌根菌が感染するとリンゴの生育が良好になることを見出し、一九五七年にネイチャー誌に報告している。[*1]
しかし、アーバスキュラー菌根菌が植物の生育を改善することは、じつはすでに日本で報告されていたのである。旧制第五高等学校（現・熊本大学）の植物学の教師・浅井東一は、戦前、日本植物学会誌に内生菌根菌の接種効果に関する先駆的な仕事をドイツ語の論文にまとめ発表した。[*1] 浅井は、①多種類の植物の内生菌根の形態を詳細に観察し、②ポットに殺菌土壌をつめて、殺菌していない少量の土壌を接種して植物を栽培すると、根に内生菌根が形成され、植物の生育が促進されること、③マメ科植物の場合、内生菌根が形成されることによって根粒形成が改善され、マメ科植物の生育が著しく改善されること、を見出した。浅井の研究は、内生菌根菌（現在のアーバスキュラー菌根菌に相当）による植物の生育促進を明確に示し、また、菌根形成によって根粒形成が促進されることを記述した最初のものである。
浅井の一連の研究は、日中戦争～太平洋戦争の困難な時期に発表されたために、国際的に知られることはほとんどなかった。また、国内でも埋もれたままになっていた。後に、英国オックスフォード大学の

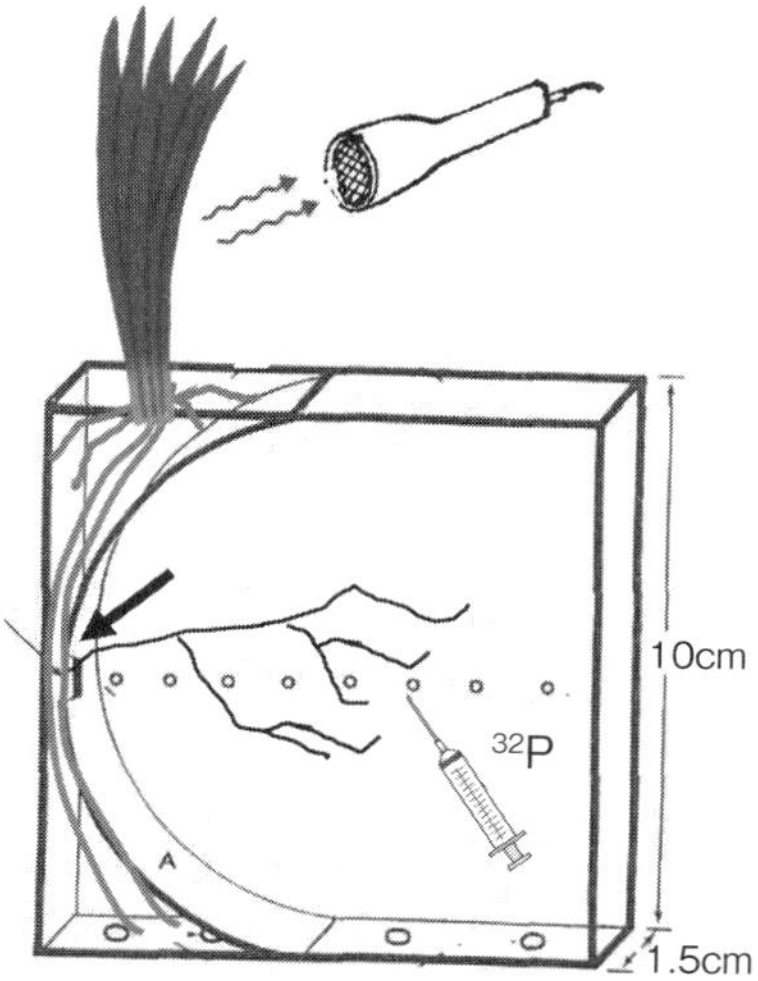

図8　土壌中のリン酸がアーバスキュラー菌根菌の菌糸を通して吸収されることを確かめた実験装置
湾曲した仕切りのあるプラスチック製の容器に土壌をつめ、左側の区画にアーバスキュラー菌を接種した植物（タマネギ）を栽培する。矢印部分に小さい穴があり、右側のコンパートメントに根は伸長できないが、菌根菌の菌糸は伸長できる。右側コンパートメントの小さな穴から放射性同位元素 ^{32}P で印をつけたリン酸を注入し、植物地上部への ^{32}P の移動を調べる。放射性 ^{32}P は少しずつ放射線を放出して安定な元素へ変化する。地上部から放出される放射線を測定することによって ^{32}P リン酸が吸収されたかどうか調べることができる。菌根菌接種区でのみ ^{32}P の地上部への移動が認められ、根から数センチ離れた土壌中のリン酸を菌根菌菌糸が吸収し、植物へ供給することが実証された（＊7より作図）

ジャック・ハーレィの名著『Biology of Mycorrhiza（菌根の生物学）』（一九五九）などに紹介されている浅井の論文から彼の先駆的な業績を知ることになった研究者は多かっただろう。

アーバスキュラー菌根菌の根への共生が植物の生育を促進することがわかっても、それがおもに、土壌中のリン酸の吸収を促進することによる、というメカニズムが明らかにされるにはさらに時間が必要で、一九七〇年代以降の研究によらねばならなかった。植物が必要とする三大栄養素の窒素、リン、カリウムのうち、リンは通常は無機態のリン酸の形態で存在し、土壌の粘土鉱物などに吸着され、窒素やカリウムに比べて土壌中での移動速度がきわめて遅い。そのため、植物はリン酸を吸収するためにリン酸の存在する場所まで根を伸ばさなければならない。アーバスキュラー菌根菌が共生している植物の根では、アーバスキュラー菌根菌の菌糸が土壌中へ広く伸長し、植物の根がたどりつけない場所のリン酸を吸収し、菌糸を通して植物体内の菌糸へと運び、樹枝状体で植物側へ供給する。そのため、アーバスキュラー菌根菌が共生している植物のほうが、土壌中のリン酸を効率よく吸収でき、生育も改善されるのである。ガーデマンらは、簡単な実験装置で、放射性同位元素^{32}Pを用いて、アーバスキュラー菌根菌の菌糸が根から離れた場所のリン酸を吸収することをはじめて実証した（図8）[*7]。一方、植物の葉で光合成された炭素化合物は地下部へ移行し、根内のアーバスキュラー菌根菌へ供給されることは、放射性同位元素^{14}Cを用いた実験で明らかにされた。植物とアーバスキュラー菌根菌は、炭素とリンの養分交換を通して相互に依存し、共栄しているのである（図3）。

根組織から樹枝状体を取り出す

さて、私が本格的にアーバスキュラー菌根菌の研究に取り組みはじめた一九九〇年代はじめのころ、アーバスキュラー菌根菌と植物間の物質交換の生理生化学的なメカニズムについての情報は、きわめて限られていた。アーバスキュラー菌根菌の分離収集を進めながら、私はアーバスキュラー菌根菌と植物の間の養分の授受に関する研究に比重をおくようになった。

植物根内の菌糸（内生菌糸）は、樹枝状体というきわめて複雑な形態で植物の根の組織内に貫入している。樹枝状体において菌と植物はそれぞれの細胞膜が数十ナノメートル程度（一ナノメートルは一マイクロメートルの一〇〇〇分の一）のきわめてせまい隙間を介して相対していて、そこが菌と植物の養分授受のおもな場であると考えられてきた。そこで、アーバスキュラー菌根菌と植物細胞の間の養分授受現象を明らかにしようと、菌糸の生理的機能を維持したまま、根の組織から内生菌糸を分離することを試みた。分離した内生菌糸の代謝を試験管の中で調べれば、菌根菌が植物の中で行っている代謝過程を明らかにできるのではないか、と考えたのだ。

アーバスキュラー菌根菌の共生によって生育促進効果が顕著であり、比較的根が太く、取り扱いやすいタマネギを材料にし、植物の細胞壁を酵素で溶かして植物細胞を細胞膜だけで覆われた状態とするプロトプラスト化の研究例などを参考にして、細胞壁の主成分であるセルロースを分解するセルラーゼと細胞間を結合しているペクチンを分解するペクチナーゼで根を処理し、根の組織をやわらかくして、低速のミキサーで細かくする方法などを組み合わせることによって、根の中に共生しているアーバスキュラー菌根菌菌糸を分離することができるようになった[*8]（**図2**④）。

植物根内でアーバスキュラー菌根菌が植物からの光合成産物を吸収利用する過程を試験管内で再現するために、分離した内生菌糸に放射性同位元素^{14}Cで印をつけた糖類を加え、呼吸によって発生する$^{14}CO_2$によってどのような糖類が代謝されているかを調べたところ、根に共生しているアーバスキュラー菌根菌が、エネルギー源として、おもにグルコースの形で植物から炭素化合物を獲得していることがわかった。同じころ、米国では、菌根菌の共生した根をそのままの状態で分析できる核磁気共鳴装置を使って炭素とリン酸の代謝を調べていた。彼らも、私たちと同じように植物から菌へグルコースの形で供給され、それを菌が利用していることを見出していた。植物の光合成産物は、おもにグルコース（ブドウ糖）とフルクトース（果糖）の二種類の単糖が結合したスクロース（ショ糖）という化合物として葉から根へ運ばれている。根に運ばれたスクロースは、そのままの形ではなく、加水分解されて単糖の形態でアーバスキュラー菌根菌へ供給されていると考えられるようになった（図10参照）。

私が工夫したこの菌根菌の菌糸を根から分離する方法は、当時、国内外の研究者から注目され多くの問い合わせがあった。分離した内生菌糸の遺伝子の発現を調べれば、より詳細に内生菌糸での代謝過程を知ることができると期待されたからである。私たちの研究グループは、この研究手法を駆使していくつかの論文を発表したが、この手法が他の研究グループへ普及するには至らなかった。私の方法で用いる酵素にはRNA加水分解酵素が含まれており、また、分離した菌糸試料の中には植物細胞の断片も含まれていて、RNAを抽出して遺伝子の発現を解析するという分子生物学的な研究のためには適した材料ではなかったのである。また、スペインのある研究者からは「あなたの方法ではうまく内生菌糸を分離できない」と国際学会で会うたびに指摘された。私の方法では、やわらかく太い根のタマネギを用いることがポイントなのであるが、その研究者はイネ科などの硬い組織の根を使っていたのだ。というわけで、当時、斬新な研究手法を開発したと自負していたが、その後アーバスキュラー菌根菌と植物の物質交換の仕組みに関して、大きく研究が進展するなかで、私たちの方法は顧みられることもなく、過去の研究になってしまった。

菌根共生を制御する遺伝子

植物が菌根菌を受け入れて根の中で菌根菌が樹枝状体を形成し、相互に養分を交換するためには、植物側にも菌根菌との共生を受け入れるメカニズムが存在している必要がある。菌根共生に関わる植物側の分子遺伝学的な研究が進展し、前節で述べたようなアーバスキュラー菌根菌は植物から供給される単糖を利用しているという考えは大きく修正されることになる。

それでは、菌根共生に関わる植物側の遺伝子はどのように調べられてきたのだろうか。分子遺伝学的な研究を進めるために、実験的に取り扱いやすいモデル植物が用いられてきた。モデル植物というのは、ゲノムのサイズが小さく、遺伝的な解析がしやすく、実験室で栽培がしやすい植物種で、シロイヌナズナという植物がもっとも広く使われている。しかし、シロイヌナズナはアブラナ科なので菌根菌が共生できず、菌根共生の研究には使えない。一方、マメ科の根に共生する窒素固定性の細菌「根粒菌」とマメ科植物の共生関係を研究するためのモデル植物として、ミヤコグサやタルウマゴヤシという野生のマメ科植物種が広く使われている。これらの植物を用い、菌根形成に異常のある植物の系統を見つけ、その変異系統が正常な系統の遺伝子とどのように異なっているかを調べるのである（**図9**）。そのような研究によって、菌根形成に必要な遺伝子の解明が進められてきた。根粒菌による根粒形成過程についての研究のほうがはるかに進んでいたが、根粒形成ができない変異体の多くは、アーバスキュラー菌根菌

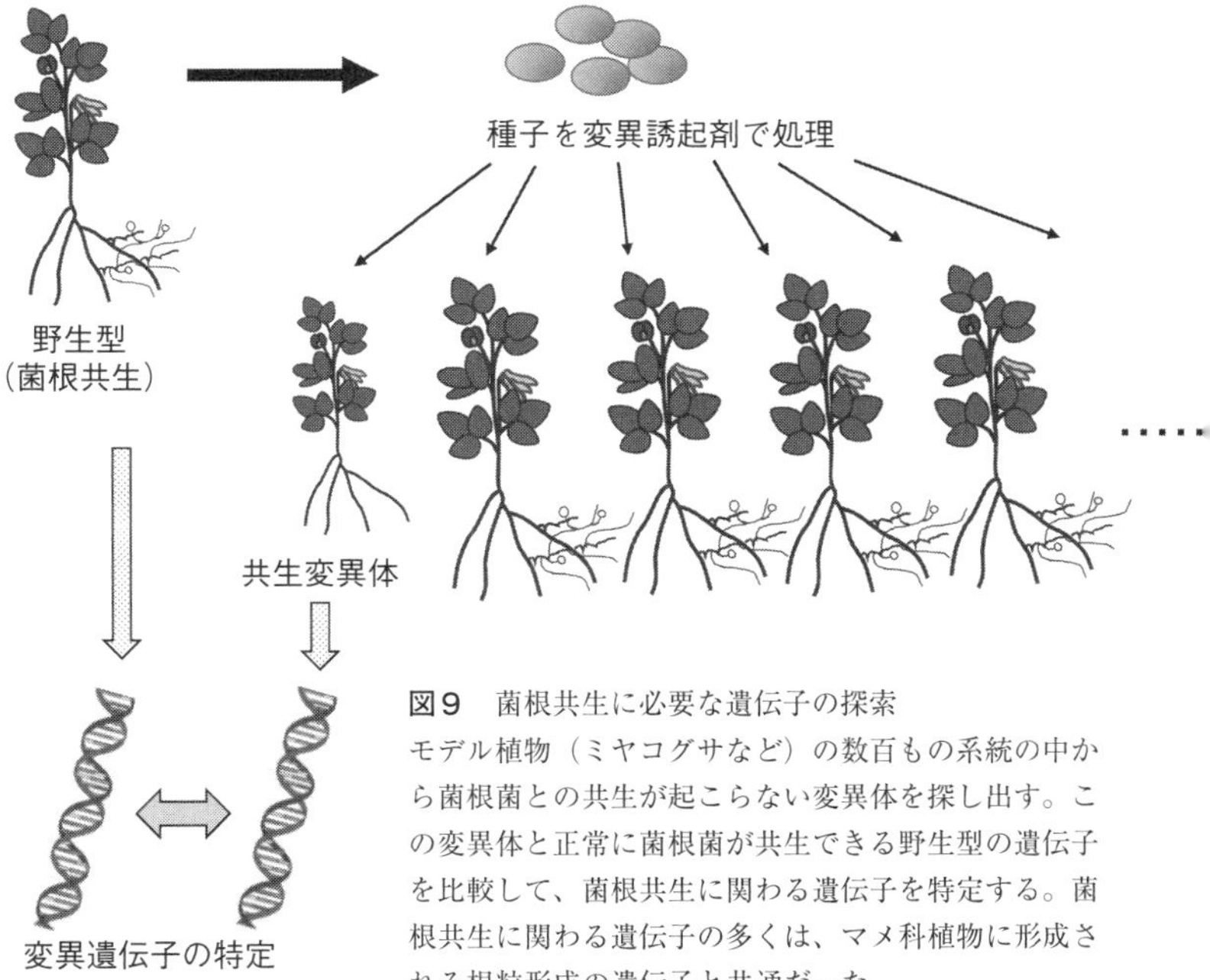

図9　菌根共生に必要な遺伝子の探索
モデル植物（ミヤコグサなど）の数百もの系統の中から菌根菌との共生が起こらない変異体を探し出す。この変異体と正常に菌根菌が共生できる野生型の遺伝子を比較して、菌根共生に関わる遺伝子を特定する。菌根共生に関わる遺伝子の多くは、マメ科植物に形成される根粒形成の遺伝子と共通だった

との共生もうまく進まないことがわかってきた。それらについて詳細な研究が進み、根粒共生と菌根共生を受け入れる植物の中核部分は同じ遺伝子のセットで制御されていることが明らかになってきた。

四億年以上前から植物はアーバスキュラー菌根菌と共生関係にあり、そのためアーバスキュラー菌根菌と共生する植物は共生に必要な遺伝子セットを備えていたのであろう。一方、マメ科植物と根粒菌の共生が地球上に現れるのは、ずっと新しく五〇〇〇万年前以降である。マメ科植物にも、当然、それらの菌根共生を受け入れる遺伝子セットがあり、土壌細菌からマメ科へ共生するようになった根粒菌は、植物の

もつ菌根関連遺伝子セットの一部を借用して根粒共生系を進化・発達させたのであろう。この共通の遺伝子セットは「共通共生経路」と呼ばれている。

こうした一連の研究の結果、植物からアーバスキュラー菌根菌に脂質の形で、炭素化合物が供給されている可能性が指摘されるようになった。そして、アーバスキュラー菌根菌は植物から脂質を獲得していることを明らかにした論文が二〇一七年に中国と英国の別々のグループから同時にサイエンス誌に発表された。これまでアーバスキュラー菌根菌は、その炭素源をグルコースなどの単糖の形で受け取っていると考えられてきたが、糖だけではなく、脂質が植物から供給されているのである。

植物側と比べ、アーバスキュラー菌根菌の側の分子遺伝学的な研究は遅々として進まなかった。これは、この菌が絶対共生で培養できないことにより、通常の微生物で行われている遺伝的な解析実験ができないためである。アーバスキュラー菌根菌のゲノム解読の試みは、一九九〇年代末から国際的な共同研究チームで取り組まれていたが、解読に必要な精製されたアーバスキュラー菌根菌ゲノムDNAを大量に調製するためには、大変な労力と予算がかかり、またアーバスキュラー菌根菌菌糸の内部に共生する細菌のDNAが混入するなどの困難もあり、解読作業はなかなか進まなかった。ようやく二〇一三年に日本人研究者を含む国際チームがアーバスキュラー菌根菌リゾファガス・イレギュラリスのゲノムの概要を報告した。その後、より高精度の解読が進められ、二〇一八年に高精度のゲノム解読情報がわが国の基礎生物学研究所のグループによって発表された。これらのゲノム情報から、アーバスキュラー菌根菌のもつ遺伝子のレパートリーは、他の菌類とずいぶん異なっており、特に、脂肪酸合成系を欠いて

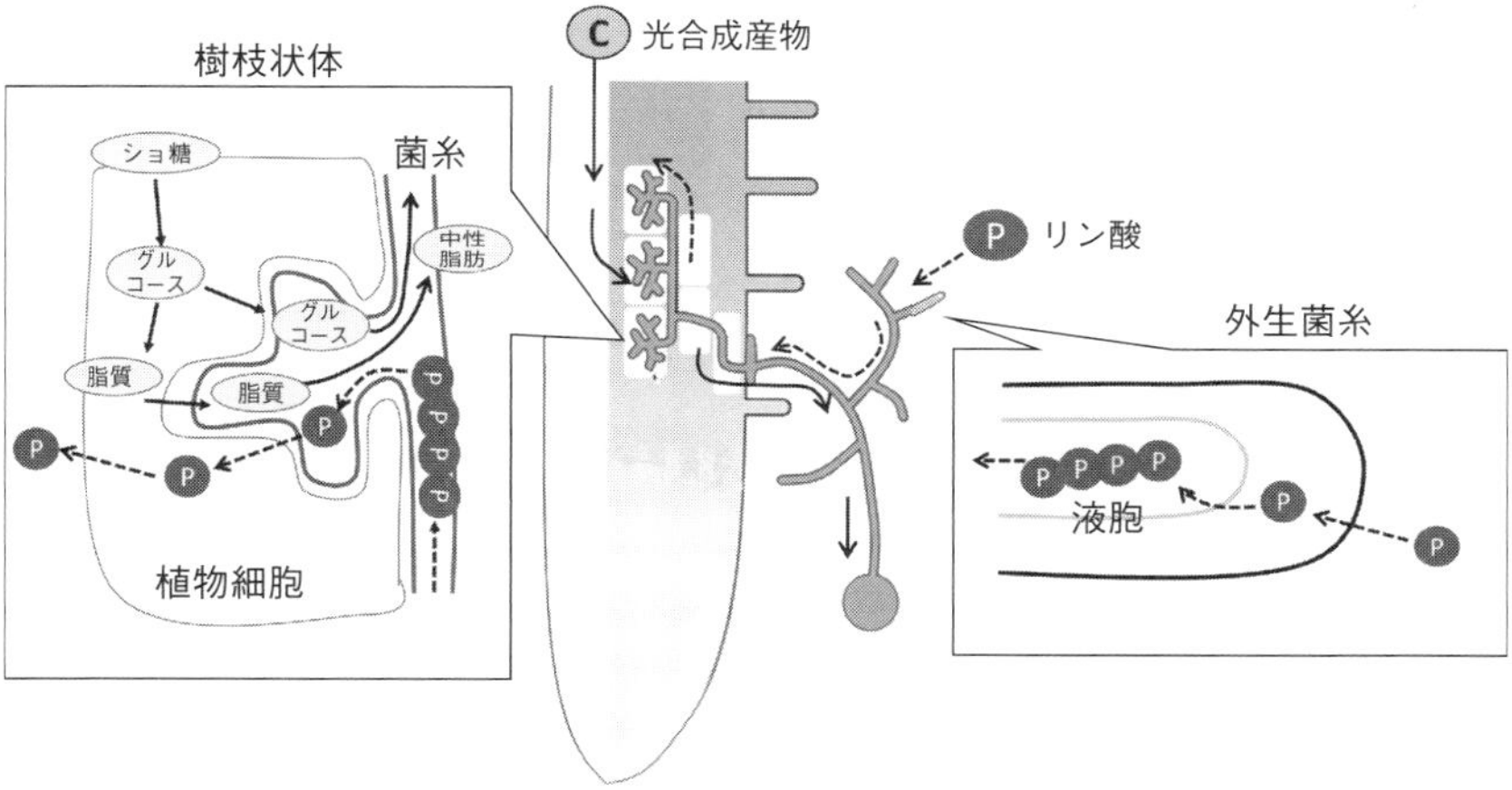

図10 アーバスキュラー菌根菌と植物の物質交換
土壌中の外生菌糸において、リン酸輸送体によってリン酸（Ⓟ）が吸収され、ポリリン酸（ⓅⓅⓅⓅ）として菌糸細胞内の液胞に蓄えられ、根内の菌糸へと運ばれる。ポリリン酸は無機リン酸の重合した高分子で、アーバスキュラー菌根菌の中では、数十から数百のリン酸が重合している。根内の樹枝状体ではポリリン酸は加水分解され、リン酸として植物側へ吸収される。多くの植物は菌根菌からのリン酸を取りこむための特別なリン酸輸送体をもっている。植物の光合成産物（Ⓒ）であるショ糖はグルコースのような単糖としてアーバスキュラー菌根菌へ供給される。また、脂質としてもアーバスキュラー菌根菌へと供給され、菌体内の主要な炭素化合物である中性脂肪へ変換され、根外の菌糸や胞子へ運ばれる

いることが注目された。[*9] アーバスキュラー菌根菌体内、特に胞子には多量の脂質が蓄積されているにもかかわらず、菌はこの脂質のもととなる脂肪酸を合成できない。つまり、アーバスキュラー菌根菌は植物から脂質の供給を受けて、体内に蓄積しているのである。アーバスキュラー菌根菌はかなりの炭素源を脂質として得ていると考えられるが、脂質と単糖のそれぞれにどのくらい依存しているのかは、まだわかっていない。ある研究者は、糖と脂質をパンとバターにたとえて、「アーバスキュラー菌根菌はパンのみで生きるにあらず、たっぷりとバターを塗ったパンで生きている」と述べている。

これまでの知見から、アーバスキュラー菌根菌共生における植物からの炭素化合物供給と菌からのリン酸供給のメカニズムを**図10**にまとめた[*10]が、不明点は多々残されている。

農業利用への道

これまで述べてきたように、アーバスキュラー菌根菌は植物にリンを供給することによって、植物の生育を促進する機能がある。そのため、アーバスキュラー菌根菌を微生物資材として作物へ接種することによって、農作物の生育を改善しようという技術開発が進められてきた。国際的にリン肥料の原料となるリン鉱石の資源としての安定供給に不安が高まり、有限なリン資源の有効利用が望まれており、アーバスキュラー菌根菌の農業利用への期待は高まっている。

欧米では一九七〇年代から研究が進み、一九八〇年代に入ると農業用微生物資材としてのアーバスキュラー菌根菌の製造とその利用が進められるようになってきた。一方、わが国でアーバスキュラー菌根菌が農業研究者に広く認知されるようになったのは、小川真が、炭によってアーバスキュラー菌根菌の植物生育促進効果が高まることを発表した一九八〇年代になってからであった。炭と菌根菌については、小川による多数の著書に詳しいが、高温で焼かれた炭は多孔質で弱アルカリ性であり、通常の微生物の餌となる有機物を含んでいない。一方、炭素源を宿主である植物に依存している菌根菌にとっては、他の微生物との競合が起こらない炭の粒子は、菌の生育の拠点に適しているのである。ダイズの根圏に粉炭を施用することで、アーバスキュラー菌根菌の活性が高まり、ダイズの生育も改善された。なお、炭の効果は、ショウロなどの外生菌根菌についても認められ、海岸林のマツ林の生育改善に炭が使われている（第3章）。

このように菌根菌の力が広く知られるようになり、わが国でもアーバスキュラー菌根菌の資材化とその利用技術の開発が進められ、国内の企業数社から農業用の接種資材としてアーバスキュラー菌根菌が市販されるようになった。一九九六年には、微生物資材としてははじめて地力増進法に定める政令指定土壌改良資材の一つとして認められた。

それでは、菌根菌接種資材の作物栽培での利用の実際をみてみよう。接種菌根菌を効率よく作物の根に共生させるためには、根の近傍に接種資材を置く必要がある。種をまく播種溝、あるいは種の直下あたりに、苗を定植する場合には植穴に、菌根菌資材をまくのがいいだろう。苗をポットやセルで育苗して畑へ定植する場合は、育苗培土に接種資材を混ぜ、十分菌根菌を共生させた苗を圃場へ定植することが有効である。[*11]

アーバスキュラー菌根菌の効果はリン吸収の促進なので、播種や定植時に施用するリン肥料の量を減らすことが望ましい。また、リン酸肥沃度が低く痩せている畑での効果が期待できる。世界中で多数の試験が行われ、多くの成功事例が報告されている。欧米の二〇〇カ所以上の畑で、四年にわたってバレイショへの菌根菌資材の接種効果を調べた研究では、八割以上の地点で接種による収量増加が認められている。[*12] 熱帯の開発途上国には、リン酸肥沃度の低いオキシソルという（風化が進みリン酸固定力が強い）土壌が広く分布しており、菌根菌接種の効果が期待されている。実際、キャッサバなどの熱帯性の作物やマンゴーなどの果樹苗木への接種効果の高いことが報告されている。一方で、接種効果が認められないという事例も多い。

わが国では、アーバスキュラー菌根菌資材（VA菌根菌）が政令指定土壌改良資材として認定され、接種資材の販売が進められたが、二〇〇一年ごろをピークに供給量は減少しており、農業用資材として普及しているとは言いがたい。これは、わが国の野菜などの栽培圃場では、連年のリン肥料多量施用により土壌にリン酸が蓄積し、リン酸肥沃度が高くなっていて、資材の効果が表れにくいことが大きな要因だろう。

そのような状況であるが、山形大学の俵谷圭太郎は、リン肥料の施用量の多い長ネギに着目した。そして、育苗培土に資材を混合して、育苗の段階でネギ苗にアーバスキュラー菌根菌を共生させて、その苗を圃場へ定植することによって、リン肥料を節減できることを示した（**図11**[*13]）。この図でわかるように、

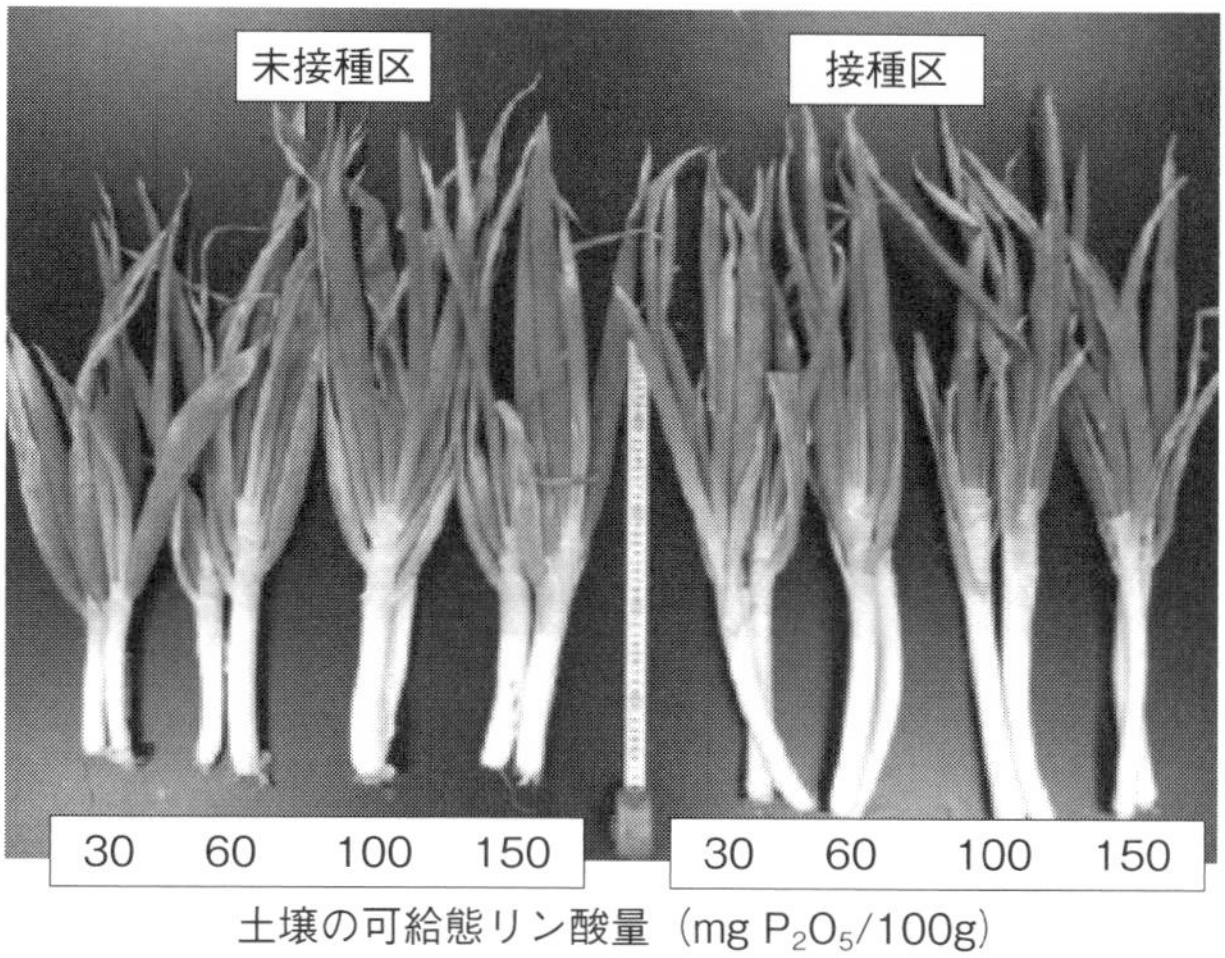

図 11　ネギに対するアーバスキュラー菌根菌の接種効果
リン肥料の施用量を段階的に変えて土壌中の可給態（作物が吸収しやすい）のリン酸量を調整した（提供／俵谷圭太郎）

リン肥料がやや少なめの条件では接種効果が大きいが、リン肥料を多量に施用している場合には菌根菌の効果は表れない。この現象は、リン酸が十分にあるときは、植物自ら容易にリン酸を吸収できるので、光合成産物をわざわざ菌根菌に提供してリン酸を供給してもらう必要性がなく、菌根菌との共生をやめてしまうためだと考えられている。

アーバスキュラー菌根菌の農業利用に関する研究が進むにつれ、アーバスキュラー菌根菌が作物に対する環境ストレス（乾燥、塩類障害など）による害作用を軽減したり、病虫害に対する抵抗性を向上させたりする事例が報告されるようになってきた。たとえば、岐阜大学の百町満朗らのグループは、キュウリなどの苗立枯病の発病が、アーバスキュラー菌根菌が共生した苗で軽減されることを見出し、さらに、植物に対して生育促進作用を示す別の微生物を菌根菌と共接種すると、それぞれの菌単独で接種する場合よりも病害抑制効果が高まることなどを報告している。最近の研究によると、これらの現象は、アーバスキュラー菌根菌の共生が植物体内のホルモンバランスに影響を与え、病害に対する抵抗性が誘導されたり、環境ストレス抵抗性が高まったりするためと考えられている。近年、農薬などの合成化学資材の使用を節減しようという持続的な農業システムへの関心が高まり、リン肥料の節減だけでなく、病害や環境ストレスなどの抵抗性を高めるための菌根菌資材の新たな利用方法が、アーバスキュラー菌根菌の農業利用の新たな可能性として国際的に注目を集めている。

利用の難しさと可能性

アーバスキュラー菌根菌の接種で、畑土壌へのリン酸蓄積とともに難しいのは、土着のアーバスキュラー菌根菌との競合である。菌根菌資材を接種していない畑や牧草地、果樹園などの植物の根を観察すると、アーバスキュラー菌根菌が共生していることがわかる。つまり、普通の畑であれば土着のアーバスキュラー菌根菌が生息しているのである。土着菌根菌の密度が低い畑では接種の効果を期待できるが、土着菌根菌の密度の高い畑では難しい。しかし、こうした土着の菌根菌には作物への生育促進効果がそれほど大きくない種類が多い。一方で、接種資材に含まれている菌は、作物への生育促進効果が高い。資材メーカーでは、試験を繰り返して効果の高い種類を選抜しているからである。そのため、土着菌に

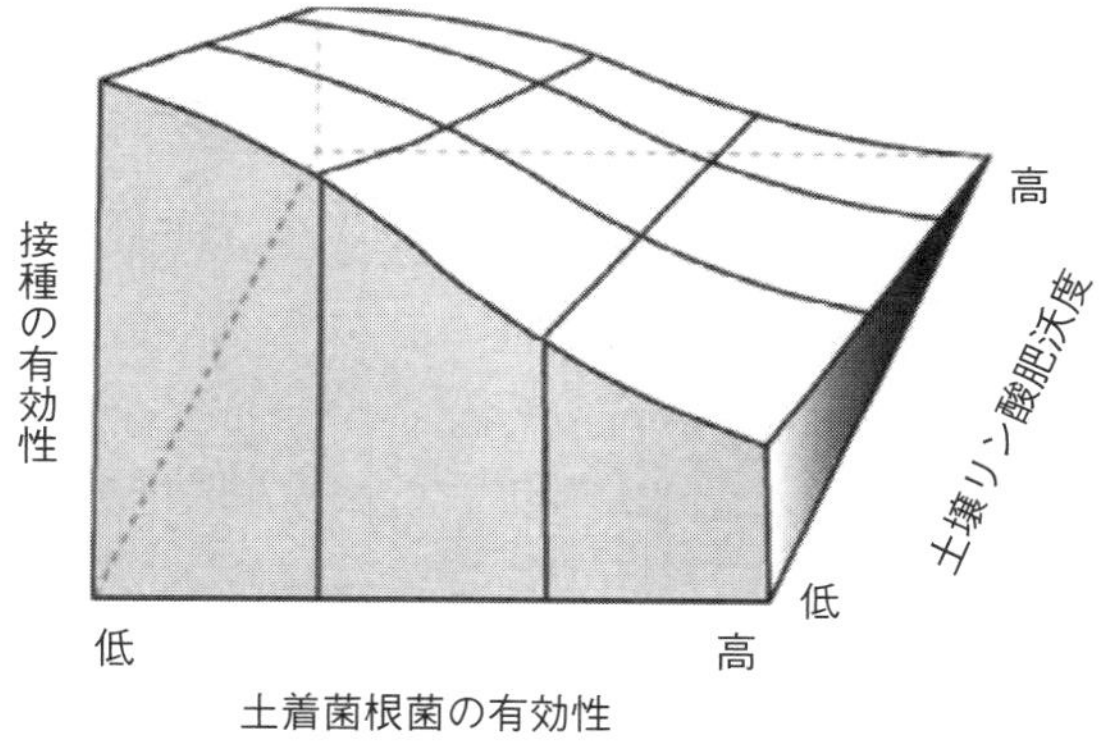

図12　菌根菌接種の有効性と土着菌根菌、土壌リン酸肥沃度との関係
接種の有効性がもっとも期待できるのは、土壌リン酸肥沃度が低く、土着菌根菌の有効性が低い場合である。一方、土壌リン酸肥沃度が高く、土着菌根菌の有効性が高い場合は接種の効果は期待できない

打ち勝ってうまく接種菌を植物へ共生させることができれば、作物の生育改善につながる可能性が高い。ただ、土着菌は生息している土壌環境に適応しているので、競争に勝つためには、接種方法を工夫する必要がある。先に紹介したネギの育苗段階で培土に資材をまぜて接種する方法は、接種菌を十分に苗の根に共生させているので、定植した際に土着菌に負けずに接種菌の活躍が期待できる。どのような条件で接種が期待できるか、畑の土のリン酸肥沃度と土着菌根菌との関連を模式的に**図12**に示した。

また、接種菌として有効な菌株を選抜することは、資材の有効性を高めるために重要である。アーバスキュラー菌根菌には宿主特異性はほとんどないが、菌の種類や菌株によって作物に対する生育効果は異なっている。また、資材を使用する土壌条件（たとえば、酸性土壌）、環境要因（たとえば、乾燥地帯）を考慮し、それに応じた菌株を選抜する必要があるだろう。わが国の農耕地土壌のように、肥料の多量施用によってリン酸の集積している環境では、リン酸濃度がある程度高くても、作物の根へ感染し、作物の生育を促進できるような菌株が選抜されれば、アーバスキュラー菌根菌の資材としての利用の幅も広がるであろう。

一方、土着のアーバスキュラー菌根菌を積極的に活用するための研究も進んでいる。北海道農業研究センターの有原丈二・唐澤敏彦らは、北海道でさまざまな畑作物の異なる組み合わせの輪作の試験を行っていたところ、ある作物の栽培の後で、トウモロコシの生育が低下することに気がついた。いろいろな作物の組み合わせを調べてみると、トウモロコシの生育は、ダイコン、ソバ、テンサイ（サトウダイコン）の後では、コムギやダイズなどの作物の後に比べて悪いことがわかってきた。アーバスキュラー菌根菌は宿主特異性が低く多種多様な植物に共生することができるが、ダイコン（アブラナ科）、ソバ（タデ科）、テンサイ（アカザ科）はアーバスキュラー菌根菌が共生できない数少ない植物群である。アーバスキュラー菌根菌の共生できない作物（非菌根性作物）を栽培すると、土壌中のアーバスキュラー菌根菌は共生する相手がいないので、増殖することができず、その数や活性が減ってしまうのである。そのような土壌へ、アーバスキュラー菌根菌に養分吸収を依存している作物（菌根性作物）であるトウモロコシを植えると、アーバスキュラー菌根菌の共生の程度が低く、養分吸収が悪くなって、生育が低下するのである。このことは、逆に土壌のアーバスキュラー菌根菌を増やすような作物を栽培すれば、その後の菌根性作物の生育は改善されることを示している（図13）。

図 13　前作の違いがダイズの生育に及ぼす影響
非菌根性の作物（テンサイ、キャベツ）の後に栽培されたダイズの生育は抑制されている（提供／唐澤敏彦）

つまり、非菌根性作物と菌根性作物をうまく組み合わせることによって、土壌中の土着のアーバスキュラー菌根菌の機能を活用した作物の栽培が可能となる。北海道では、アーバスキュラー菌根菌を増やすヒマワリを緑肥作物として栽培して、その後にダイズやトウモロコシなどの菌根性作物を栽培する方法が推奨されている[*14]。

先にも述べたとおり、アーバスキュラー菌根菌は絶対共生微生物で、植物へ共生しないと増殖できない。接種資材調製のためには、病原菌などの汚染を防ぐために殺菌した培土に菌を接種して植物を温室などで栽培する、いわゆるポット培養法が基本となる。現在も、国内外の多くの資材メーカーはポット培養法によって資材を製造している。一方、実験室内でアーバスキュラー菌根菌を増殖させるために、毛状根（ある種の土壌細菌が根に感染したときに生じる不定根。寒天培地上で継代培養可能）に、アーバスキュラー菌根菌を共生させる培養方法が一九八〇年代末に開発され、研究用に広く使われてきた。その後、改良が進められ、ある程度大量に培養することが可能となり、毛状根を用いた培養法で農業用のアーバスキュラー菌根菌資材を製造し販売する企業がカナダ、インド、スペイン、ドイツなどに現れてきている。いずれの方法でも、菌根菌を接種資材として製造するためには宿主となる植物の栽培（あるいは毛状根の培養）が必要であり、時間と労力がかかるため、コストがかさんで高価な資材になりがちである。つい最近、ある種の脂肪酸がアーバスキュラー菌根菌リゾファガス・イレギュラリスの非共生培養条件での胞子形成を顕著に促進することが発見され、植物なしの非共生での培養の可能性がみえてきた。[*15] このような革新的な方法によって、この問題を乗り越えることが期待される。

荒廃地での植生の回復と菌根菌

農地でのアーバスキュラー菌根菌の利用について述べてきたが、地球上には、さまざまな理由で植生を失い荒廃している土壌が少なくない。こうした荒廃した土壌では土壌中の栄養分や有機物が失われ、植生の回復が困難になっている。このような土壌に植生を回復するために、アーバスキュラー菌根菌などの植物に共生する微生物の力を利用することができるかもしれない。実際、雲仙普賢岳の火砕流跡地の緑化事業や熱帯荒廃土壌における植生回復にアーバスキュラー菌根菌を含んだ緑化資材が使用されている。荒廃土壌の植生回復に菌根菌を利用するための技術を開発しようとすれば、荒廃した土壌での実際の植生回復の過程での菌根菌の役割を調べることが早道だろう。

一九九七年、農業技術開発事業の短期専門家としてフィリピンに滞在した折に、ピナツボ火山の泥流地帯（ラハール）を訪れる機会があった。ピナツボ火山は一九九一年に大爆発を起こした。山腹に堆積した膨大な火山噴出物は、雨期のたびに、下流へ泥流となって流れ出し、広大な地域を火山灰・火山砂で埋めつくした。泥流地帯における火山噴出物の堆積は場所によっては数十メートルに及び、乾期になると砂漠のような状態だった。私がはじめて訪れた一九九七年には、草も生えない広大な泥流地帯が広がる一方、一部には植生がもどりはじめている地点もあった。そこで、その後数年にわたってフィリピンの泥流地帯の植生回復過程とアーバスキュラー菌根菌について調査を行った。

現地調査を進めていくと、泥流地帯で最初に定着するのはイネ科のワセオバナ（サトウキビの原種と言われているススキに類縁の植物）だった。種子が小さいので風で分散しやすく、近隣地域から種子が飛んできて、最初に定着したのだろう。根を観察すると、すでにアーバスキュラー菌根菌が共生していた。アーバスキュラー菌根菌の胞子も、風などで近隣地域から飛んできたのだろう。泥流地帯の土壌を用いたポット試験栽培で、ワセオバナにアーバスキュラー菌根菌を接種してみたが、アーバスキュラー菌根菌が共生しても生育は改善されなかった。ワセオバナの生育は、リンよりも窒素で制限されていたのだ。しかし、この植物はアーバスキュラー菌根菌の増殖にとってはよい宿主のようで、根圏土壌に多数のアーバスキュラー菌根菌胞子を形成した。

現地では、ワセオバナが定着した後に、マメ科の野草が侵入し、植生全体の生育が旺盛になり、植生

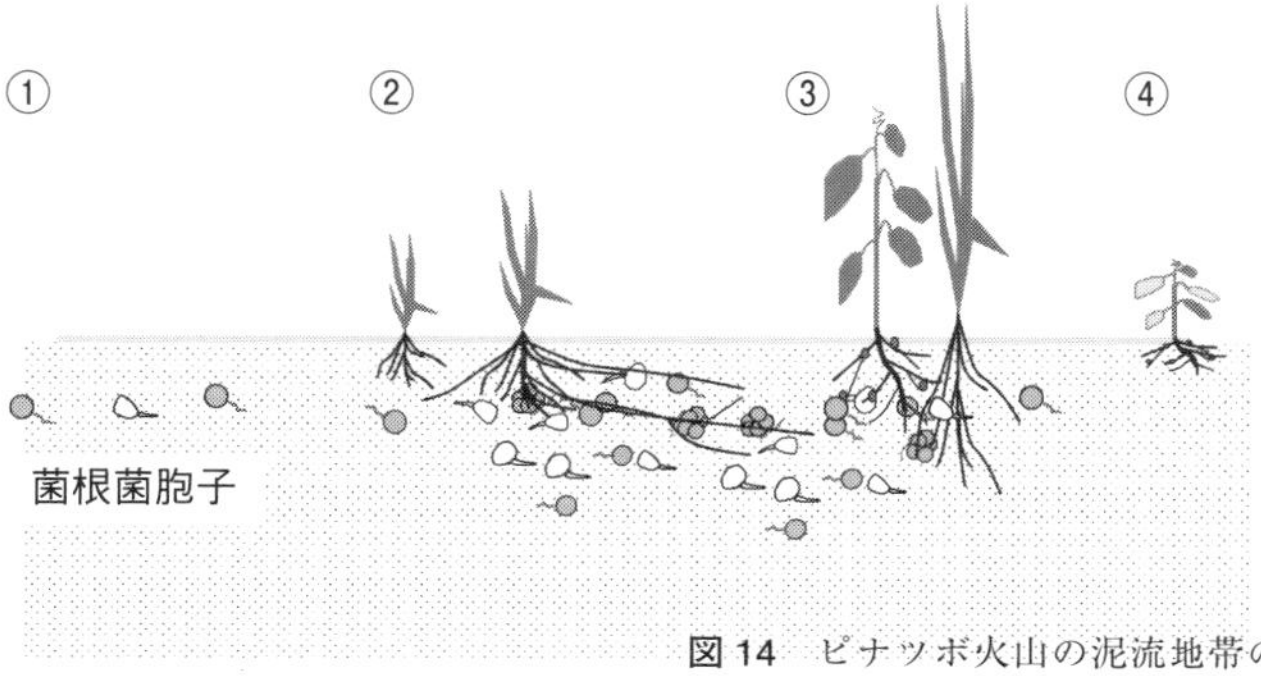

図 14　ピナツボ火山の泥流地帯のパイオニア植物ワセオバナ（左）と泥流地帯での植生回復における菌根菌の役割（上）
①泥流地帯に風などによってアーバスキュラー菌根菌（AM 菌）の胞子が漂着
②ワセオバナの根圏で AM 菌の胞子が増殖
③ AM 菌によってマメ科野草の生育が改善し、窒素固定が進む。共存するワセオバナの生育も促進される
④ AM 菌が存在しないところではマメ科野草の生育は悪い

が急速に回復することが観察されている。後から侵入してくるマメ科野草は根粒菌と共生して窒素固定できるので、マメ科野草の生育制限因子は窒素ではなくリンである。そのため、マメ科野草はリン獲得のために、その生育を菌根菌に依存している。パイオニア植物であるワセオバナがアーバスキュラー菌根菌の胞子密度を高めることによって、マメ科野草はアーバスキュラー菌根菌を通してリンを獲得できるようになり、定着したと考えられた。定着したマメ科野草は共生する根粒菌によって窒素固定を行い、土壌の窒素分を高める。それによって隣接するワセオバナの生育は大きく促進される。

　ピナツボ火山の泥流地帯の植生回復を、土壌微生物を通してみると、ワセオバナ

図15　雲仙普賢岳水無川流域の緑化資材施工区と無施工区（2001年）（提供／丸本卓哉）

というイネ科野草がアーバスキュラー菌根菌という土壌微生物を養い、そのアーバスキュラー菌根菌がマメ科野草の定着を助ける、さらにマメ科野草の根粒菌による窒素固定作用によって、イネ科のワセオバナの生育がさらに良好となり、より多数の種子を生産し、周辺へ種子を散布するという植物—微生物を通した相乗的な関係がみえてきた（**図14**）。

一方、わが国でも火山災害により荒廃した土壌の緑化修復にアーバスキュラー菌根菌が利用された実例がある。雲仙普賢岳は一九九〇年以来数年にわたる何度かの大規模な火砕流によって一〇〇〇ヘクタール以上が埋めつくされた。火山活動が静まった後、さまざまな工法によって荒廃地の緑化修復が進められてきた。当時、中腹以上の場所では、火山噴出物の崩壊の危険があったため、ポリエステル樹脂で作製したバッグに緑化資材（植物種子、肥料成分、アーバスキュラー菌根菌など）を充填し、ヘリコプターで散布するという航空緑化工法が試みられた。施工四年後に調査したところ、隣接する無施工区に比べ、施工区では明らかに植生の回復が進んでいた（図15[*16]）。資材中のおもなアーバスキュラー菌根菌は、あの白くきれいな胞子を形成するギガスポラ・マルガリータだった。そこで、接種菌株に特異的な分子マーカーを開発し、施工区・無施工区の土壌からギガスポラ・マルガリータの胞子を分離し、接種菌の有無を調べた。はたして、施工区にのみ接種菌が残存しており、接種菌が何らかの形で植生の回復に寄与したものと推察された。

このようにアーバスキュラー菌根菌は農業利用にとどまらず環境修復の場面でも利用できる可能性は高い。しかし、こうした利用を進めていくためには、「利用の難しさと可能性」の節で述べたように、多くの問題を解決する必要があり、新たな技術開発も必要だろう。環境中でアーバスキュラー菌根菌を上手に利用することで持続的な社会の構築につながることを期待している。

コラム●菌類の分類と同定

本書では、さまざまな菌根菌の分類について述べられているので、ここでは、菌類の分類について簡単に説明しておこう。菌類は、一般にカビ、酵母、キノコなどと呼ばれる生物で、通常は糸状の菌糸という組織をもち、その観察には顕微鏡を必要とする微生物である。ただ、酵母のように単細胞で球状の形態をとるものや、キノコ（胞子を保持・放出するための器官で子実体と呼ぶ）のように肉眼で確認できる大きな器官を形成するものもある。

生物の分類は、上位から下位に向かって、ドメイン－界－門－綱－目－科－属－種という区分で分けられており、すべての生物は三つのドメイン、真核生物、細菌、古細菌（アーキア）のいずれかに分類される。細菌とアーキアは細胞内に核をもたない原核生物である。植物や菌類は細胞の中に核をもつ真核生物であり、それぞれ植物界、菌類界という大きなグループに位置づけられている。

菌類の場合、菌類界より下位の分類は、子嚢菌門、担子菌門、ケカビ門、トリモチカビ門、コウマクノウキン門、ツボカビ門などの門に分けられている（第1章**図6**）。それぞれの門の下に一〇万種以上の菌が、綱－目－科－属－種と階層的に位置づけられている。たとえば、マツタケをつくるマツタケ菌の場合、分類的な位置づけは、菌類界－担子菌門－真正担子菌綱－

ハラタケ目－キシメジ科－キシメジ属－マツタケ（種）となる。

生物の種名（学名）は一八世紀のスウェーデンの生物学者カール・フォン・リンネの確立した二命法によってつけられる。二命法は、属名と種小名をラテン語表記で示すもので、マツタケ菌の学名はトリコローマ・マツタケ（*Tricholoma matsutake*）となる。

現在、菌類に限らずすべての生物は遺伝子の本体であるＤＮＡの塩基配列にもとづいて系統分類されている。しかし、それまで菌の分類の基本は形態にもとづくものであった。特に、生殖のために形成される胞子や胞子を形成する器官（子実体）などの形態が分類基準として重要視されてきた。形態を観察し、それを記載するには、ある意味、名人芸的な技術が必要とされていた（第1章）。

菌類の分類でやっかいなのは、菌糸細胞の分裂によって無性的に胞子（分生子）が形成される場合と、交配と減数分裂により有性的に胞子形成が行われる場合があることである。子嚢菌類は、生活環のある時期に、子嚢と呼ばれる器官で有性胞子（子嚢胞子）をつくる。担子菌類は同様に、担子器と呼ばれる器官で有性胞子（担子胞子）をつくる。これらの有性胞子を形成する生育ステージを有性世代と呼び、無性的な増殖を行う生育ステージを無性世代と呼ぶ。子嚢菌類や担子菌類の分類は有性胞子や子実体などの形態にもとづいて行われてきた。一方、菌の種類によっては無性生殖によって生活を続ける菌もあり、無性世代の形態にもとづいて分類体系がつくられてきた。これを不完全菌類と呼ぶ。ただし、「不完全」なのは私たちの理解の

生物の系統樹

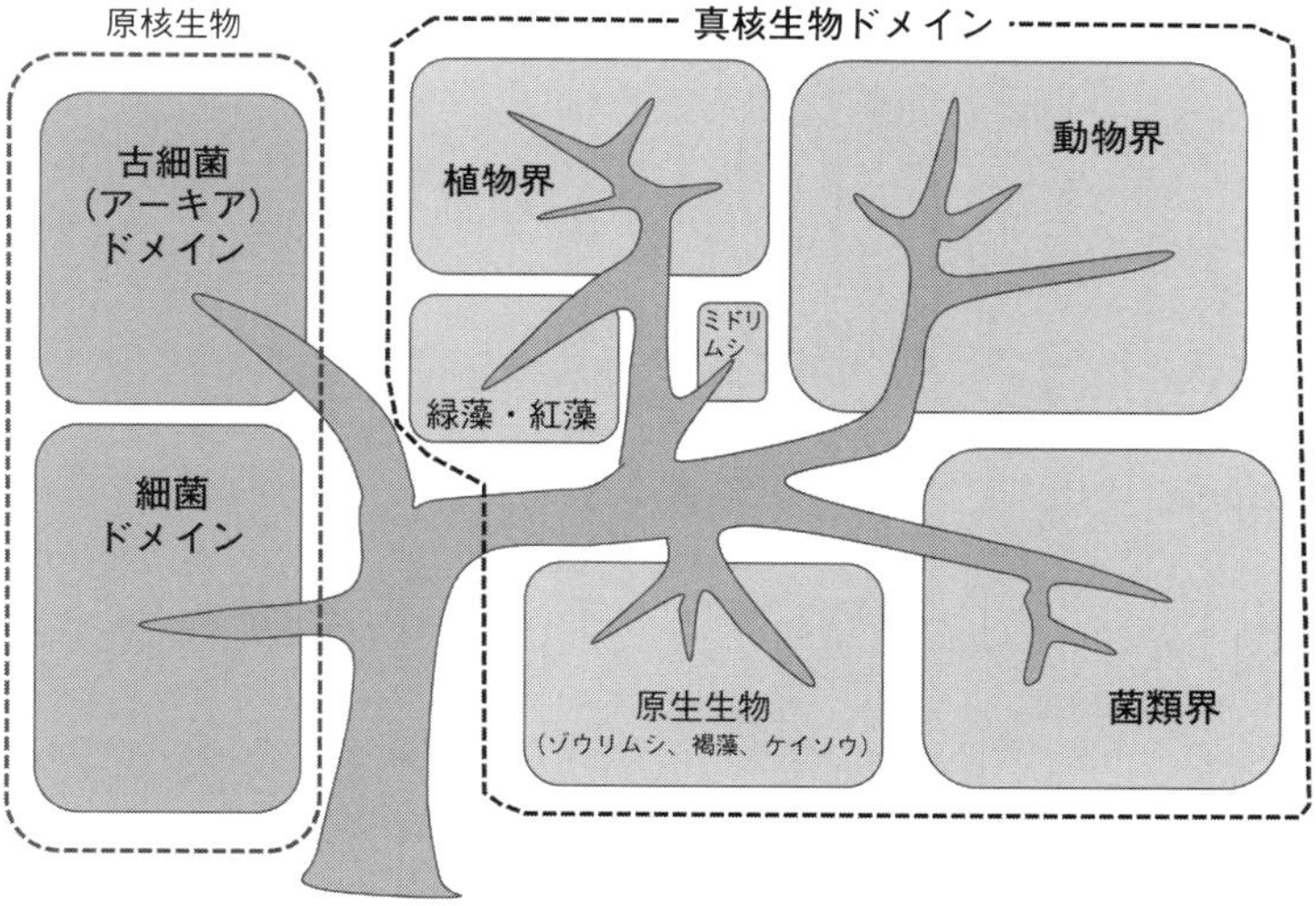

生物は細菌、古細菌（アーキア）、真核生物の3つのドメインに大きく分類される。真核生物ドメインは、遺伝子の塩基配列の解析から複数の大きな系統群に分類される。菌類は植物よりも動物に近く、植物・動物・菌類以外の原生生物類は複数の大きな系統群（ミドリムシ、ゾウリムシ、ケイソウ、褐藻、緑藻・紅藻など）から構成されている

程度であり、コウジカビのアスペルギルス（*Aspergillus*）、アオカビのペニシリウム（*Penicillium*）、ラン菌根菌であるリゾクトニア（*Rhizoctonia*）（第4章）などの不完全菌類とされていたグループの一部の菌種については有性世代が発見され、それに対応した属名・種名が割り当てられているものもいる。例えばリゾクトニアの有性世代にはケラトバシディウム（*Ceratobasidium*）やツラスネラ（*Tulasnella*）

などがある。このように、一つの菌種に有性世代および無性世代の形態にもとづいて与えられていた二つの学名が存在する事態となり、混乱を避けるため菌類の名称の整理が世界的に進められている。

自然界から菌を分離し、培地上で生育させることに成功しても、培地上で胞子を形成しない場合は、形態にもとづく分類・同定はできなかった。現在ではエリコイド菌根菌として知られているリゾスカイファス・エリカエ（*Rhizoscyphus ericae*）は一九七四年に新種として報告されたが、分離された当初は培地上で胞子を形成しなかったため、菌の正体は不明のままであった。「培養後、胞子が形成されないまま実験室で数カ月も放置していた平板培地（シャーレに栄養分を含んだ寒天培地）にたまたま胞子が形成されていることを発見し、新種として発表することができた」とエリコイド菌根の権威である英国シェフィールド大学のデビッド・リードから聞いたことがある。それが、ＤＮＡの塩基配列にもとづいて、菌の種類を分類したり、同定したりすることが簡単にできるようになって、菌根菌の研究が劇的に変わった。胞子をつくっていなくても菌糸があればよく、培養できなくても菌根（菌根菌が共生している根）があればいい。それらからＤＮＡを抽出し、ＰＣＲ法で目的の遺伝子を増幅して塩基配列を決定すれば、データベースから菌の種類を同定し、系統関係を調べることができる。このことは各章の著者によって具体的な事例が述べられている。

（齋藤雅典）

第2章 外生菌根の生態とマツタケ

山田明義

外生菌根菌に支えられる樹木たち

序章でもふれられているように、地球史上の大イベントである植物の陸上進出には、菌類との共生関係（のちの菌根共生）が鍵を握っていた。そして、陸上の生態系が発達し、今日の森林生態系に至る過程でも、これから紹介する外生菌根共生が重要な役割を果たすこととなる。

外生菌根は、今日の熱帯林、温帯林、ならびに亜寒帯林の林冠を構成する代表的な樹木植物と、担子菌門の担子菌綱と子嚢菌門のいくつかの分類群との間で形成される。植物の分類群としては熱帯林のフタバガキ科、マメ科、南半球のフトモモ科、北半球温帯・亜寒帯林のブナ科、マツ科、カバノキ科、ヤナギ科など、比較的限られた分類群でしかみられない。しかし、これらは森林植生の林冠を構成する樹種なので、森林生態系では圧倒的なバイオマスを占め、陸上生態系では地球規模での重要性を有している。菌類側からみると、三万種を超える担子菌門の中で数千種の既知分類群が外生菌根を形成すると考えられているが、その全貌はまだ不明な部分が大変多い。近年のDNAのデータをもとに推定すると、控えめにみても実際には二万〜三万種に達するだろうし（これより一桁多いという推定もある）、それ以外にも子嚢菌門で一〇〇〇種以上が推定されている。単純に比較すると、樹木一種に対して菌根菌は二桁以上の種数という関係式が成立している。つまり、大きな樹木がたくさんの小さな菌と共生関係を結んでいるというイメージだ。しかし本章や第3章を読み終えるころにはこのイメージが一変し、一本一本の樹木がじつは大きな外生菌根菌の集団に下支えされている、と考えるようになるのではないだろうか。

外生菌根を観察する

読者が実際に外生菌根をみたくなったときのことを想定し、ここではマツ属の外生菌根を中心に説明していこう。マツの根系は、植物体の地上部にたとえると「枝と葉」の関係のように、明確に二つに区分できる。根系の先端に近い細根※は、主根（または長根）と側根に分けられる。主根は伸長と枝分かれを無限に繰り返すことができ、その側方には分岐発達や成長期間に限りのある側根が形成される。側根は土壌中の栄養源を吸収する役割を果たしているが、この側根こそが菌の定着によって外生菌根を形成する。じつは自然界では、側根の大部分は外生菌根になっており、側根が外生菌根になることで、土壌

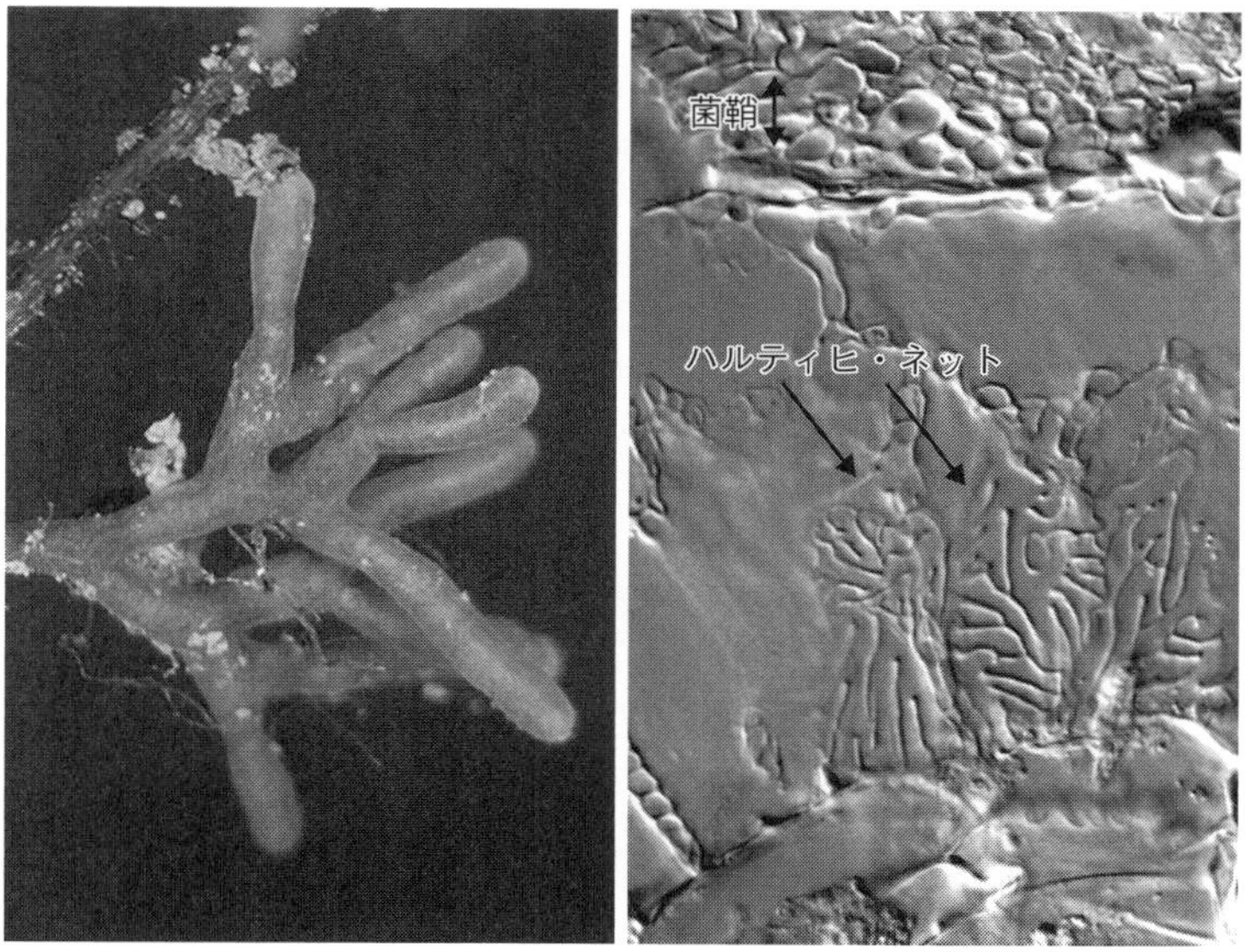

図1　アカマツ側根上で二叉に分岐を繰り返して成長した外生菌根の外観（左）とその横断面（右）
横断面で筋のようにみえている部分がハルティヒ・ネット（図3参照）

中の栄養源を実質的に吸収できるようになる。外生菌根が土壌中の栄養源を吸収するメカニズムについては後ほど述べることにして、まずは外生菌根の形態を詳しくみていこう。

※——直径二ミリメートル以下の根。養水分の吸収を担っている。

土の中で、マツ属の主根から側根が出現し発達する過程で外生菌根菌の菌糸が表面に定着すると、菌糸は側根の表面をぐるりと取り巻くと同時に、側根の皮層部（皮層細胞の隙間）に侵入を開始する。側根の先端部（根冠細胞と分裂組織）には菌糸は侵入せず、根としては伸長を続ける。

興味深いことに、側根は二叉に分岐して伸長し、場合によってはこの分岐を繰

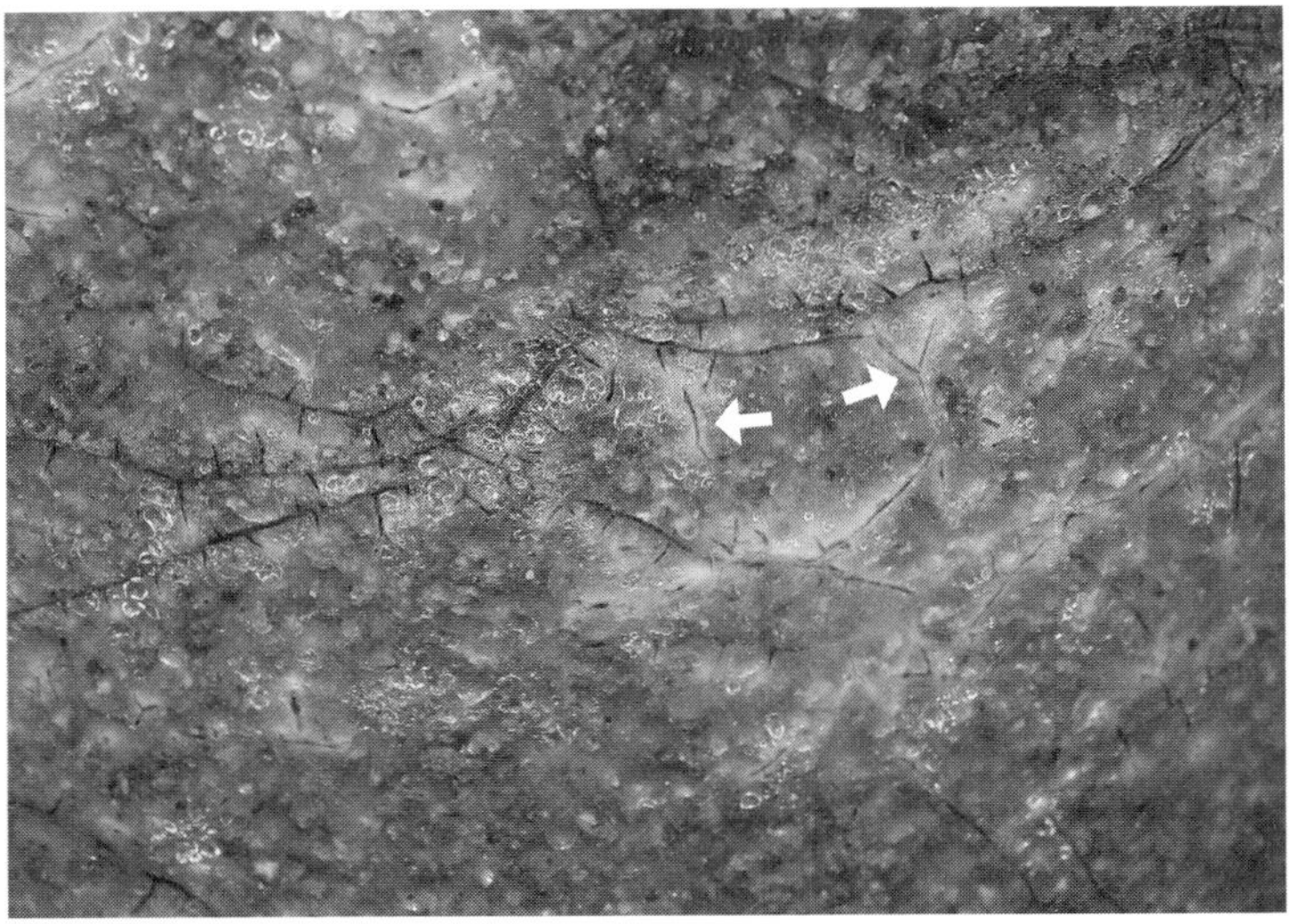

図2　外生菌根（矢印）から土壌中に広がった根外菌糸体
この菌糸体（白色にみえる部分）は、後述する菌根合成により培養容器内で実験的に作出したものである

り返す。したがって、外生菌根菌の定着した側根、すなわち外生菌根は、Y字形をしており、分岐が複数回繰り返されると、樹状のようになる（**図1**）。先ほど述べたように、まっすぐ伸びる主根の側方に、Y字形や樹状の外生菌根が茂った配置となる。この様子は肉眼でもわかるので、マツ林で落葉層を剥がしてみるだけで、外生菌根を見つけることができる。

さらに、ルーペや実体顕微鏡を使うと、外生菌根の表面構造や土壌粒子との位置関係を容易に知ることができる。主根の表面はしだいに樹皮のような外皮が形成されて茶褐色になるが、外生菌根の表面は菌糸組織（菌鞘）で覆われるため、白色、黄土色、黒色など、菌糸体の色彩が現れてくる。形状は、菌糸体の組織化の違いで、表面がつるっとして光沢があったり、ゼリー状、あるいはもじゃもじゃした毛玉状や、ビロード状だったり、じつにさまざまだ（**口絵3**）。

また、これらの菌根の表面を構成する菌糸体から土壌中に菌糸（根外菌糸）が広がっており（**図2**）、実際に土壌粒子から菌根に養分が吸収されているのをイメージとして捉えることができるだろう。時に、菌根の表面から肉眼でもわかるくらいの太さの菌糸束が伸びて、それが子実体（キノコ）の基部までつながっているのが確認できる。この追跡方法を利用して、既知の菌種がどのような外生菌根を形成するのかを明らかにし、外生菌根の機能と分類群との関係を探る研究が一九八〇年代より続けられている。一九九〇年代からは、DNA解析の手法が導入され、研究の効率化や信頼度の向上が図られている。また、より細かな機能や複雑な仕組みの解明がどんどん進められるようになってきた。今では、外生菌根の形態を一覧にしたいくつかの図鑑[*1*2]があり、キノコ図鑑を眺めるのと同じ感覚で外生菌根の形態を覚えることもできるのである。

さて、外生菌根の内部構造にもふれておこう。Y字形に分岐している外生菌根の一つの根の端をカミソリで切って横断切片をつくってみよう。ちょうどキュウリを輪切りにするような感じで何枚も切片をつくり、水を張ったシャーレにそれらを浮かべて薄く切れたベストの一枚をプレパラートにすれば、簡単に内部構造を観察できる。断面の外周には菌糸体が菌鞘組織を構成しており、そこでは菌糸の分化がみられることがある。つるっとして光沢のある菌根の場合、菌鞘は比較的大きな円形の断面が集合した形にみえることがある。また、ビロード状の菌根では、菌鞘組織の最外層に針状やボーリングのピンの

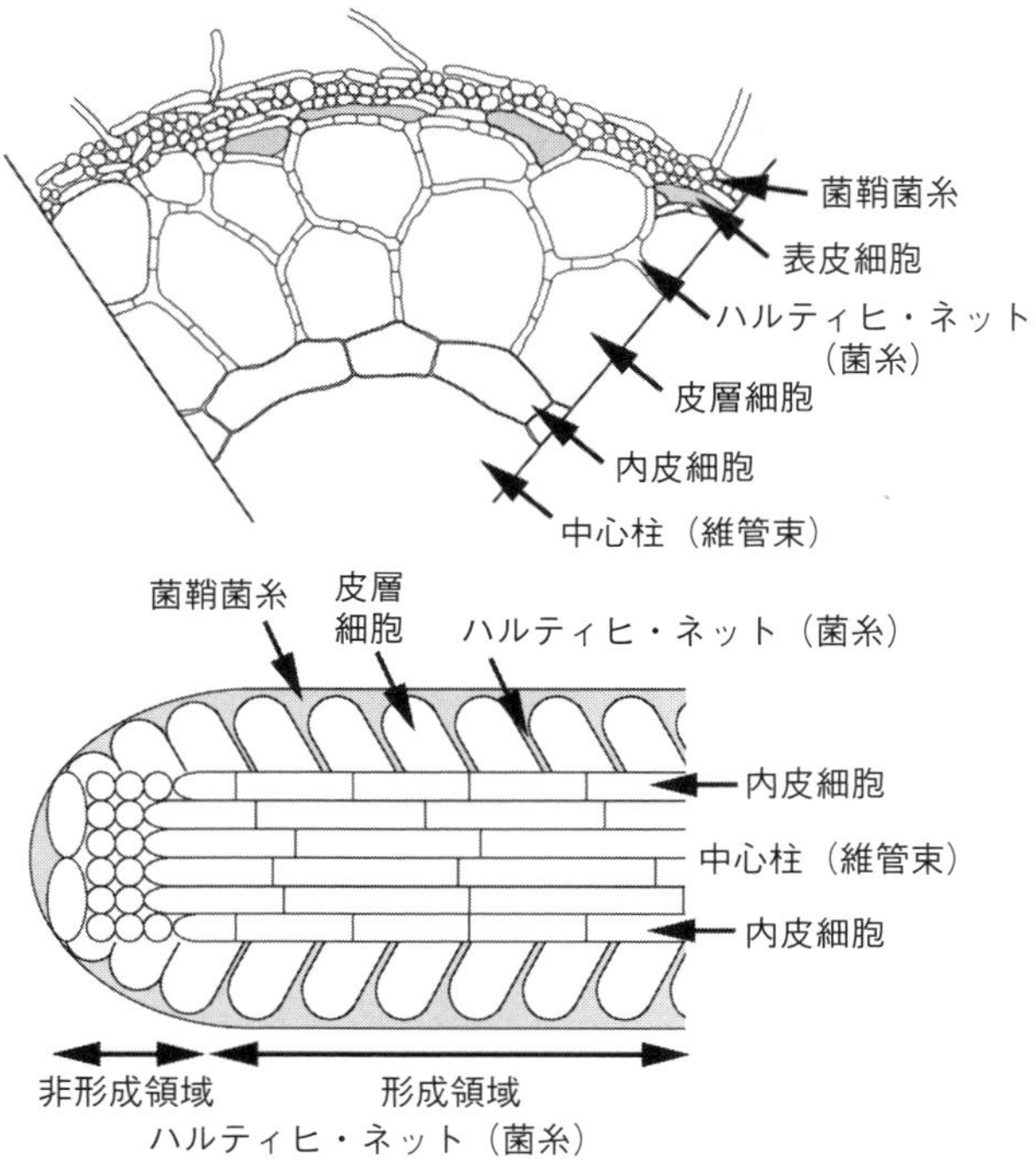

図3　外生菌根の内部構造の模式図
上：横断面、下：縦断面
なお非形成領域の先端側には根冠細胞があり、その後方に分裂組織が配置しているような形をした菌糸（すなわち、形態的に分化した菌糸細胞であるシスチジア）をみることもできる。このようにさまざまな形をみせる菌鞘組織の内側には根の皮層細胞がみえるが、両者の境界には、押しつぶされたような形の表皮細胞の残骸、すなわち、根毛（表皮細胞）が菌根菌との共生により役目を果たすことなく萎縮した結果をみてとることができる。皮層細胞に再び目を移すと、細胞の間隙に菌糸が侵入している様子がわかる（**図1右・図3・口絵4上**）。顕微鏡の焦点を前後に移動することで、それぞれの皮層細胞が丸ごと菌糸の薄い層（網：ネット）に包まれていることがわかる。このような細胞の間隙に侵入した菌糸をハルティヒ・ネットと呼ぶが、ここが外生菌根共生における物質交換の場なのである。このハルティヒ・ネットは、皮層の最深部まで発達するが、その内側にある内皮細胞層には侵入しない。

土壌から養分・水分を吸収するのは根ではない

外生菌根を形成した細根部（マツならば側根）は、菌鞘組織によって土壌粒子からは物理的に切り離されている。そして土壌と接する菌根菌の菌糸が土壌養分や水分を吸収し、菌鞘からハルティヒ・ネットを経由して皮層細胞へと養水分を供与している。極端な言い方をすれば、根は直接的には土壌から何も吸収していないのである。一方、皮層細胞からハルティヒ・ネットへは、光合成による産物（糖）が供与されている。この双方向の物質輸送が細胞レベルでの菌根共生のおもな役割である（**図4**）。ハル

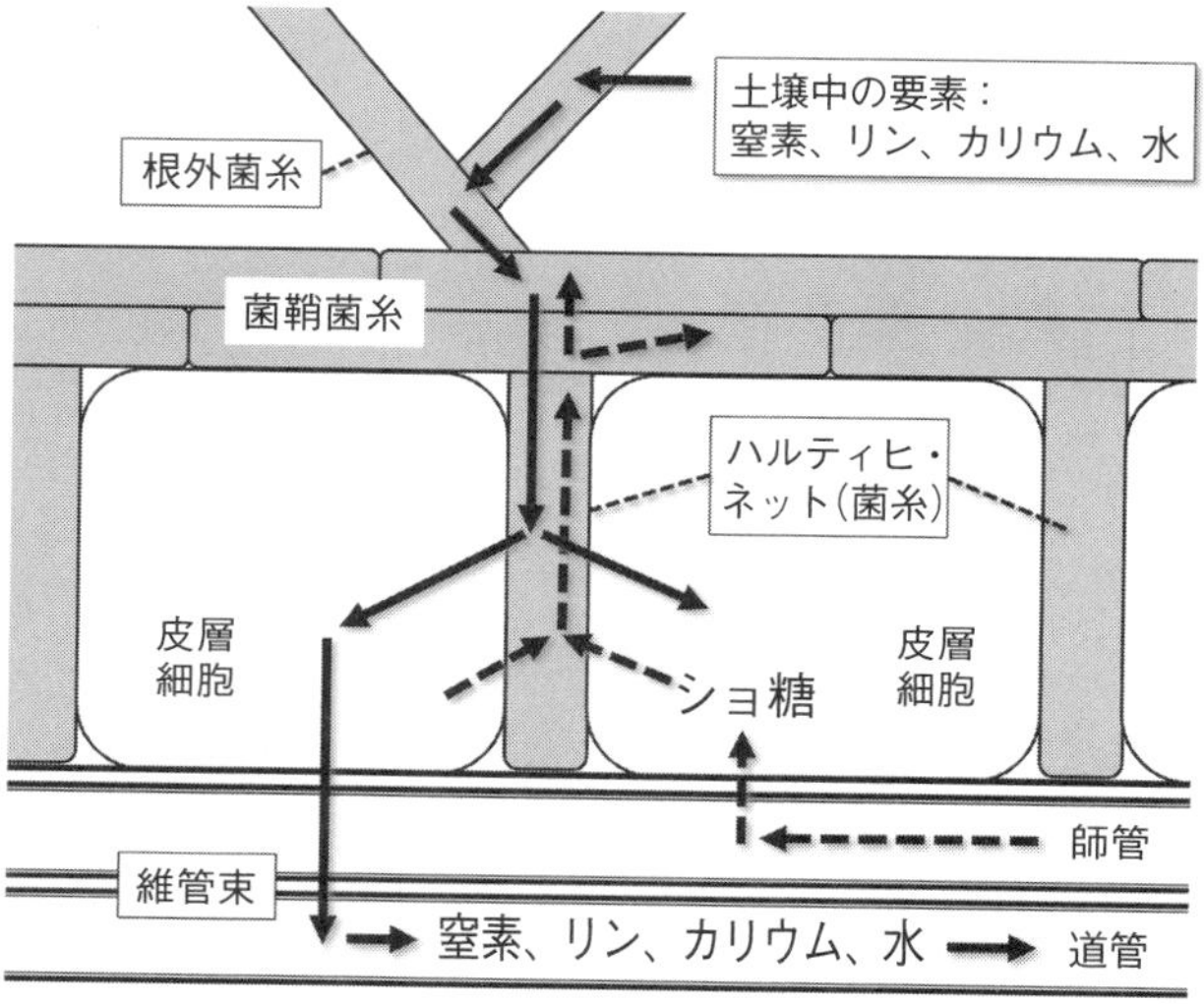

図４　外生菌根における物質の相互輸送の模式図
実線の矢印は、土壌から吸収した養水分が、菌鞘菌糸、ハルティヒ・ネット、皮層細胞を経由して道管に至る流れを示す。点線の矢印は、葉部で光合成により生成したブドウ糖をもとに合成されたショ糖が転流により師管から皮層細胞へと運ばれたのち細胞外へ放出され、分子的なプロセスを経てハルティヒ・ネット（菌糸）へと取りこまれ（この詳細については図５参照）、さらに菌鞘菌糸に至る流れを示す

ティヒ・ネットと皮層細胞は両者の細胞壁どうしが中間層（アポプラスト領域）を介して結合しており、その壁空間における物質輸送は、植物と菌根菌の両方の能動的な機能により高度に制御されている（**図５**）。植物細胞から壁空間に放出された糖が菌糸（ハルティヒ・ネット）に吸収される過程では、細胞内外の水素イオン（H^+）の濃度差（細胞の外側である壁空間でH^+の濃度が高い）が利用される。その濃度差は植物と菌根菌の双方が生体反応のエネルギー源であるＡＴＰエネルギーを消費することで維持されている。すな

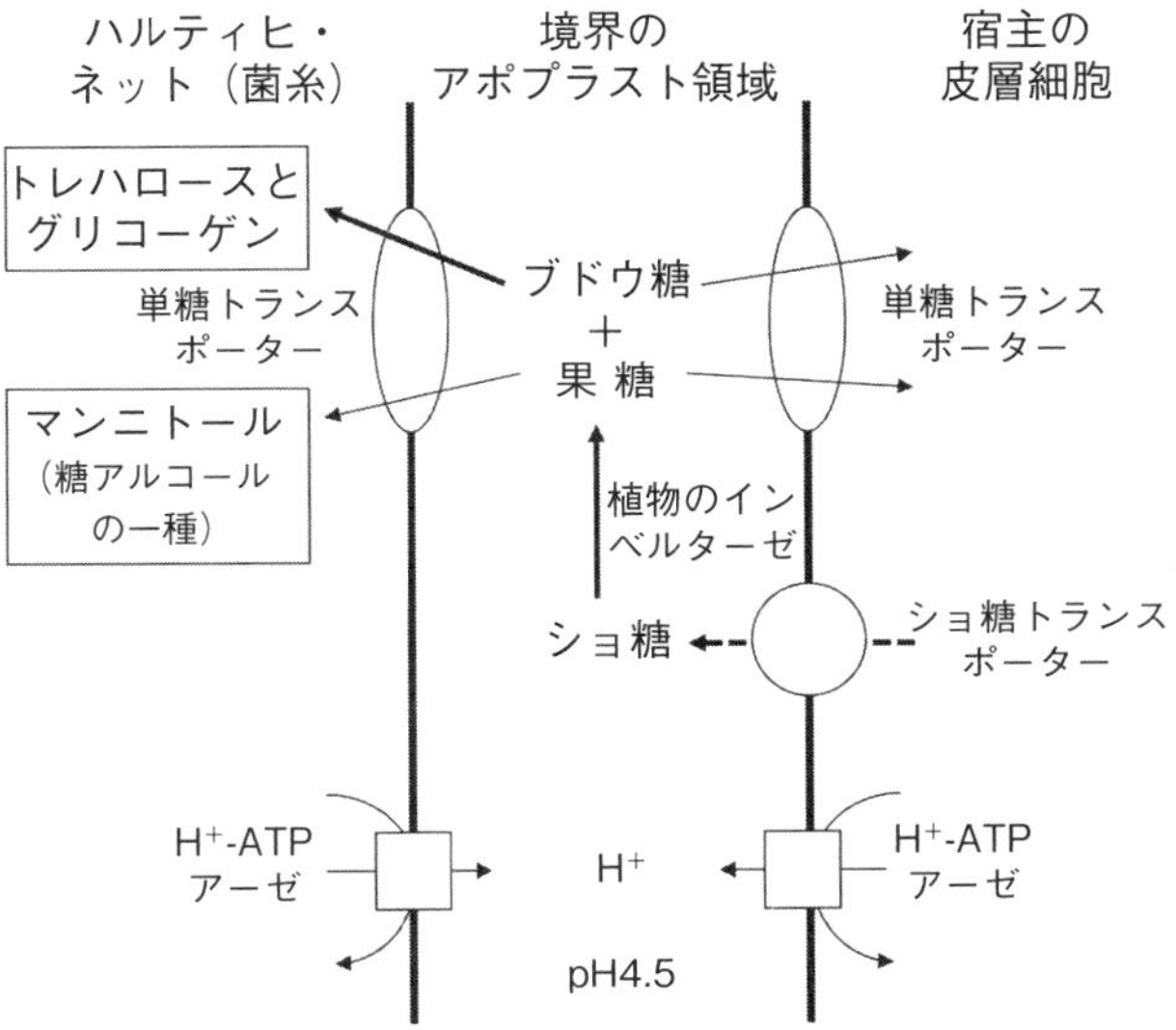

図5　ハルティヒ・ネットにおける糖輸送の仕組み
ショ糖は、皮層細胞からアポプラストへ放出されると同時に、ブドウ糖と果糖に加水分解される。生成したブドウ糖（ならびに果糖）は、ハルティヒ・ネット（菌糸）に取りこまれる。この取りこみは、糖自体の濃度勾配も関係するが、細胞内外の pH 勾配（アポプラストで pH が低くプロトン濃度が高い状態）により駆動されており、プロトン共輸送（プロトン＝水素イオン）と呼ばれる。この共輸送を可能にする pH 勾配は、ATP 消費によって能動的に維持されている。したがって、ハルティヒ・ネットにおける糖輸送は、能動輸送と言える。インベルターゼは、ショ糖をブドウ糖と果糖に加水分解する酵素である

わち、植物から菌根菌への糖の輸送は、エネルギー消費をともなう能動輸送である。逆に、ハルティヒ・ネットから壁空間へと、アミノ基、リン酸、カリウムイオンなどが放出され、植物の皮層細胞により吸収される。この基本的な流れは七〇年あまり前から研究が進み、現在ではこれらの物質輸送に関わる膜タンパク質（細胞膜上に存在するタンパク質）の機能解析、あるいは発現制御機構がさかんに研究されている。

外生菌根共生における細胞レベルでの物質の双方向輸送とともに、植物の個体レベルの反応についても大変興味深いことが明らかにされている。植物が外生菌根に供給している炭素は純生産量（植物の全光合成生産量から呼吸量を差し引いたもの）の二〜三割にも達しており、菌根共生を維持するために大変な労力を払っていることがうかがえる。物質的な話はこれくらいにとどめ、以下、歴史的な観点もふまえてさらに説明しよう。

「マツは外生菌根を形成しないと成長できない」ということは、今から一二〇年あまり前、はじめて実験的に証明された。林地土壌をつめた鉢に播種したマツに比べて、同じ土壌を蒸気滅菌してからつめた鉢に播種したマツは著しく成長が劣り、前者には外生菌根が形成されているが、後者にはそれがみられなかった。この実生の初期成長に対して決定的な差異をもたらした外生菌根の有無は、より長期的な視点でみた場合には、成長して樹木になれるかどうかの分岐点になる。

この点は、隔離温室で悠長に二〇〜三〇年かけてマツが外生菌根形成なしでどこまで成長するのか観察し詳述すれば明らかにできるが、それと同じことが二〇〇年あまり前から現象として知られていた。

当時英国の流刑地であったオーストラリアにマツの種子を播種しても実生がなかなか伸びず、一方で英国から鉢植えのマツ苗を持っていくと苗はすくすくと伸びて樹木になることが経験的に知られていた。当時その理由は不明とされていたが、今日では外生菌根共生という観点で容易に説明できる。

じつは、南半球のオーストラリア大陸には北半球に分布するマツ属と外生菌根を形成できる菌がほとんどいなかったため、マツの種子が発芽しても、その後土壌養分を十分に吸収できず、樹木にまで成長できなかったのである。一方、すでに外生菌根を形成していた鉢苗では、オーストラリアの土壌で外生菌根共生がそのまま保持され、マツは樹木となれた。ちなみに、オーストラリアには、外生菌根菌がまったくいないわけではなく、オーストラリアに固有の植物（たとえば、ユーカリ）と共生する多様な外生菌根菌が分布している。

こういった点を整理していくと、外生菌根における物質輸送には、そもそも外生菌根を形成できる植物と菌の特異的な関係（宿主特異性）が前提として存在し、多様な植物と菌の組み合わせの間で発達していることがわかる。

実験で外生菌根共生を証明する——菌根合成

ここで少しだけ簡単な実験手法についてもふれておこう。上述した滅菌土壌を用いた実験による外生菌根共生の重要性を、より明確にかつ端的に示すための実験手法である。それは菌根合成法（図6）と呼ばれ、外生菌根菌と考えられる菌種を培養し、それを無菌状態の植物（外生菌根を形成できる樹種）の根に接種して定着（感染）させ、培養容器の中などで外生菌根を形成させるというものである。この実験で、対照区（菌を接種しない無菌の植物）を設け、外生菌根形成により植物の成長が有意に増大することを示せば、樹木がその外生菌根菌と共生することが証明される。

こういった手法をベースにすると、樹木からどの程度の光合成産物がどのような速度で外生菌根菌へ供給されるのか、逆に土壌中の窒素やリンがどのように宿主植物へ供給されるのかについて、^{14}Cや^{32}Pのような放射性同位体元素あるいは^{13}Cや^{15}Nのような安定同位体元素を用いて元素の移動を追跡することに

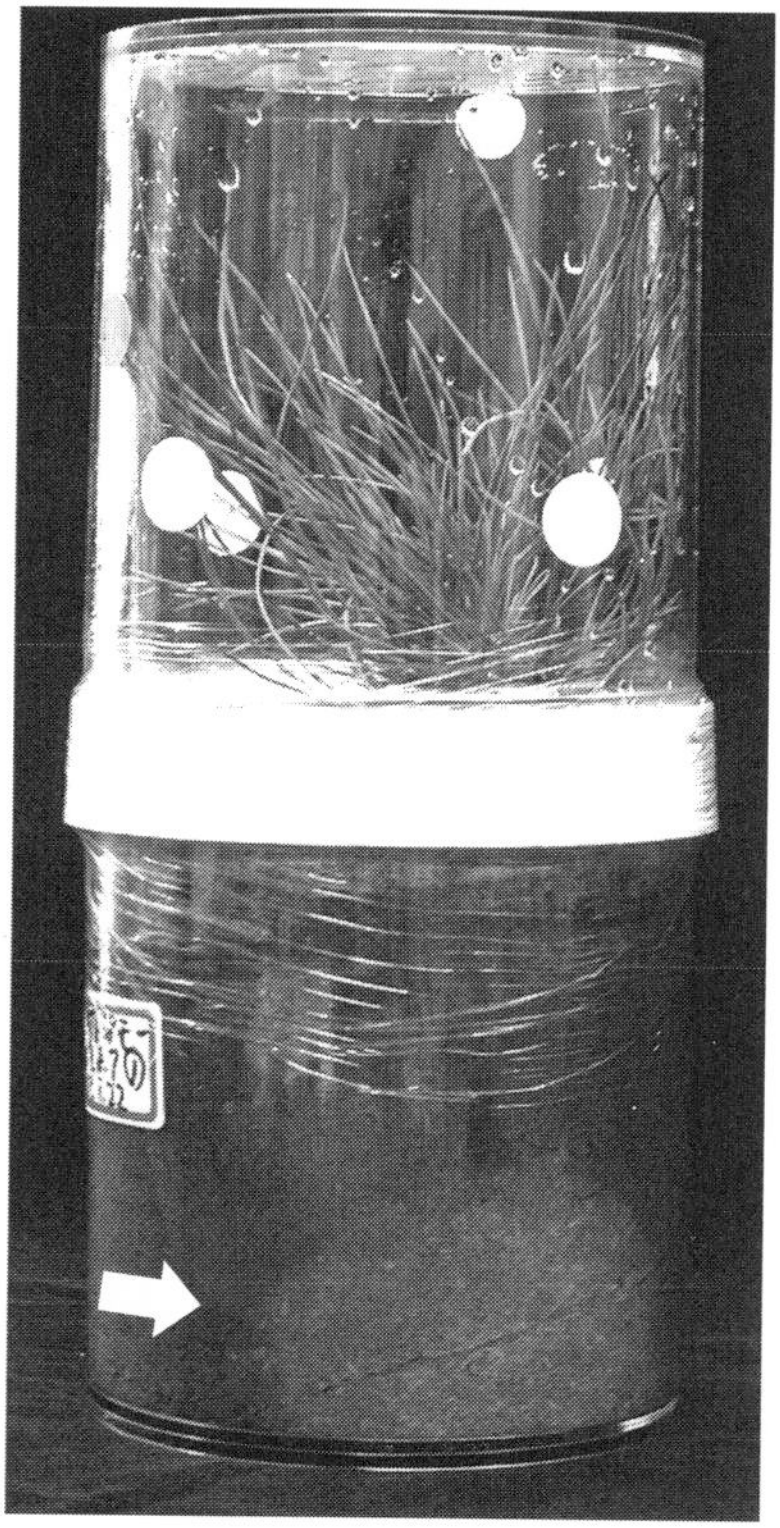

図6　菌根合成の様子
ここでは、アカマツを宿主として根系でマツタケの菌糸体が増殖している様子（土壌の底部でやや白っぽくみえる部分）がわかる（提供／小林久泰）

よって、克明なデータを取得できる。

また、野外で採取したある特定の形態的特徴をもつ外生菌根から培養株が得られ、それを用いた菌根合成実験で形成された外生菌根が、分離もとの菌根と同じ形態の菌根を有しており、かつ植物の成長を有意に増大させたとなると、自然界で形成されているある特定の形態をもつ外生菌根が共生関係であることの証拠となる。

今日では、この「ある特定の菌」の遺伝子のＤＮＡ配列を、既存のＤＮＡ配列データベースで照合し、どのような分類群の生物に由来するものなのかを容易に同定できる場合が多い（第3章）。しかし、外生菌根共生を二つの生物だけで説明できることを端的に証明するのに、菌根合成法よりも優れた手法はないだろう。この手法は、特定の病原体が特定の病気（感染症）を引き起こすことを証明する細菌学者のロベルト・コッホがまとめた方法（コッホの原則あるいはコッホの四原則と呼ばれる）をもとに考案されている。

菌根合成法は今から九〇年あまり前から取り組まれているが、実験操作に時間がかかるなどの制約もあり、広く普及しているとは言いがたい。特に日本では、菌根合成法が一般的に用いられるようになったのは一九九〇年代以降とまだ三〇年あまりしか経過していない。ちなみに、菌根合成法は、後述するマツタケ研究でも重要な研究手法となっている。

樹木の成長を左右する外生菌根

森林を構成する一本一本の草木は、ほとんど例外なく何がしかの菌根共生を行っており、特に林冠を構成する樹種には外生菌根を形成するものが多い。ここでは、北半球温帯～冷帯で広くみられるマツ科やブナ科の優占する森林を前提に話を進めよう。

植物の長い歴史（進化の過程）をふまえると、マツやブナは、外生菌根共生を前提に生きている。つまり、種子が発芽して小さな実生になると、速やかに外生菌根形成をめざす。春に発芽してから一月ほど経過したマツの実生は、ぼちぼち外生菌根を形成しはじめる。そして、この共生関係を結ぶことができた実生だけが、その後も成長を続け、やがて樹木にまで成長できる。共生関係を速やかに結べなかった個体は、十分に成長できなかったり、病原性・寄生性の菌類に感染したりして、発芽したその年のうちに枯死してしまう。

このように樹木の初期成長を左右する外生菌根共生は、樹木が林冠を構成するまでの成長期においても大変重要と考えられる。さらに、成木となって森を維持していく過程でも大きな役割を果たしていることが明らかにされつつある。森林土壌一平方センチメートルの中に張りめぐらされた外生菌根菌の菌糸の長さは総延長一キロメートルにも達し、これに地球上の森林面積をかけると、およそ4×10^{17}キロメートルとなる。これは太陽系の直径もはるかに超えて銀河系の半径にも迫る距離である。ミクロの菌根

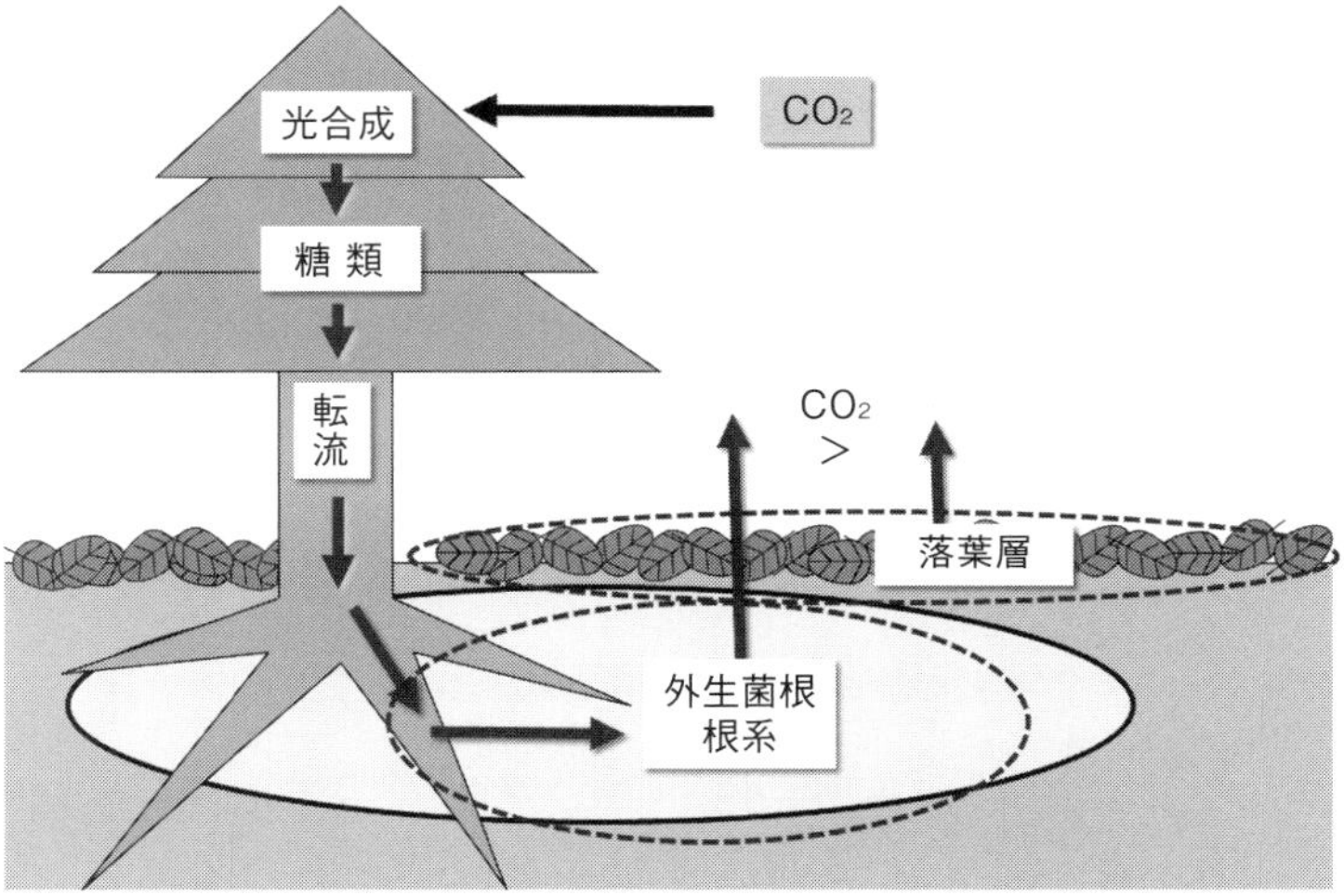

図7　森林土壌から放出されるCO_2の量的関係

菌が土壌中に無数のネットワークを張りめぐらし、樹木の根系へと土壌養分を供給しているのである。

　このような外生菌根共生が優占する森林では、菌根菌の菌糸体が最大の土壌微生物バイオマスとなる。ということは、森林土壌から放出されるCO_2は、外生菌根菌の活動（呼吸）が鍵を握っているのだろうか？　答えはイエスである。外生菌根共生するマツ科の針葉樹が優占する北欧の森で、樹皮表面を環状に剝ぎ取り、師管（光合成で形成された糖類を根系へ輸送）を遮断して道管（根系で吸収された水や土壌養分を枝葉へ輸送）だけが残っているような処置（環状剝離：ガードリング）がなされた。この処置を行っても樹木が枯れることはないが、光合成産物を根系に供給できなくなるので、根系の活動が大幅に抑制され伸長できなくなる。この環状剝離実験を森林の一定面積で行った結果、新たな事実が判明した[*3]（**図7**）。

この実験の仮説は、「もし森林土壌から放出されるCO_2の主要因が、厚く積もった落ち葉の分解に由来するなら、環状剝離を行ってもCO_2放出に与える影響は少ない」。ところが、森林の活期初期（日本の春に相当する時期）に環状剝離を行うと、CO_2放出が急速に低下し、活動期（夏から秋）を通じてずっと低い値を維持したのである。つまり、森林土壌から放出されるCO_2は、外生菌根共生した根端部の呼吸が量的にもっとも重要なことがわかった。この発見は、地球規模のCO_2問題を考えるうえで大変重要で、この点を考慮しないで、たとえば地球温暖化が森林生態系に及ぼす影響などについてさまざまなシミュレーションを行っても、現実の生態系システムからはほど遠いものになってしまう。

ちなみに、この環状剝離を行った森の区画では、当然ながら外生菌根菌の子実体（キノコ）が発生しなくなったことも記録されており、菌根菌のバイオマスが著しく低下したことがわかる。こういった大きな研究テーマには、多数の要因が相互に関わるため、場所や樹種を変えた実験、あるいは森林の発達と気候パターンとの関連性など、多くの検証を行って全体像を明らかにしていく必要がある。特に、気候パターンのような現在進行形で変化している要因との関連性を明確にするためには、とにかくじっくりと長期的にモニタリングすることが当面の課題ではないだろうか。

外生菌根とキノコ

マツ科やブナ科の木々が茂る森を歩いたことのある人は、キノコにはほんとうにたくさんの種類があることを目のあたりにしているにちがいない。夏から秋にかけてこうした森の中には、ベニタケ科、イグチ科、テングタケ科、フウセンタケ科、キシメジ科、イッポンシメジ科、ラッパタケ科、アンズタケ科、ハリタケ科といったじつにさまざまな分類群の外生菌根性のキノコをみることができる。キノコとは、胞子を散布する手段として肉眼でわかる大きさの菌糸体組織（子実体）を形成する菌類、またはそのような菌種の子実体の総称である（第3章）。キノコの多様さを物語る一例として、北米大陸西岸の山域に分布するダグラスファー（輸入材のベイマツ）は、二〇〇〇種あまりの外生菌根菌と共生することが以前から知られている。これ以外のマツ科やブナ科の樹種も、その分布域が広ければ、同程度の多様な外生菌根菌と共生しているにちがいない。こういった、樹木一種に対して四桁の種数にも及ぶ外生菌根菌が共生することは、冒頭で述べた樹木－菌根菌の関係からも推察できることではある。

ただし、この多様な関係には、もう一つ重要な点がある。マツ科とブナ科、あるいはマツ属とモミ属といった異なる樹種間で、自在に共生できる外生菌根菌も少なくない点である。菌根菌によっては、特定の樹種あるいは特定の属や科としか共生しないものもあれば、いくつもの科にまたがって共生するものもいる。じつは、こういった菌根菌の宿主（樹種）特異性や宿主範囲は、まだ十分には調査されておらず、地道な研究調査が必要とされている（その一端として、海外のクロマツ林の外生菌根について第3章で紹介される）。さらに、こういった現象が分子レベルでどのように制御されているのかについては、核心部が未解明なままである。これらの点を明らかにできると、森の成立と菌根菌との具体的な関係をよりリアルに知ることができるだろう。

このように複雑で多様な森の外生菌根共生ではあるが、それらが生み出すたくさんのキノコ（子実体）は、共生のメカニズム以外にどのような意義をもつのであろうか？　すでにお察しの読者も多いかと思うが、キノコは多様な土壌動物などの餌となっている。子実体は概して忽然と現れては消えるイメージがあるかと思うが、胞子を飛ばすころには、無数のトビムシがヒダ（胞子を生産する組織の名称）の隙間で胞子や菌糸を摂食している。また、子実体の傘やそれを支えている柄の内部には、キノコバエの仲間の蛆虫とその食痕がみられることも少なくない。そして胞子生産を終えるころの子実体では、中身がぼろぼろになり朽ち果てていくような様子がみられる。特に蒸し暑く雨がちな天候が続くころの森では、子実体という子実体がことごとくこれらの小動物に食いつくされていく印象を受けるほどである。

これら菌食性の小動物は、キノコを食べて成長し個体数を増していると考えられ、こういった食物連鎖の観点からも外生菌根菌は大きな役割を担っている。子実体の発生は季節的な現象ではあるが、それを支えている外生菌根とそこから土壌中に広がる菌糸体は、通年で存在する大量の土壌微生物バイオマスであり、当然、土壌動物の餌となりうる。したがって、樹木の光合成産物→外生菌根菌バイオマス→土壌動物バイオマスという、食物連鎖の主要な炭素の流れをみてとることができる。

外生菌根共生の進化――起源と将来

さて、外生菌根共生がどのように生まれたのかについて話を移そう。陸上植物の起源は四億三〇〇〇万年前ごろのシルル紀とされ、現生の森林樹木（外生菌根性）が出現するジュラ紀から白亜紀にかけての一億数千万年前とは、およそ三億年の隔たりがある。多くの外生菌根菌が含まれる担子菌門の担子菌亜門（いわゆるキノコを形成する分類群）の初期の子実体化石が発見されるのもジュラ紀である。菌根共生の進化の中で、外生菌根共生が出現する前は、もっぱらアーバスキュラー菌根や、ケカビ亜門に含まれる菌類とコケ類やシダ類との間で形成される菌根様の構造が、植物の共生パートナーであったと考えられる。そこに、後発の木本植物とその共生パートナーがセットになって外生菌根の仕組みが出現し、現在に至っていると考えられる。植物を中心に俯瞰すると、木本植物が出現して隆盛をきわめる手段として、アーバスキュラー菌根よりも都合のよい外生菌根の共生システムを獲得したことがうかがい知れる。非常に単純化して考えると、草本植物に比べて木本植物は長寿命であり、特に樹木植物ではより大きな根系を構成する。こういった根系のもとでは、アーバスキュラー菌根菌やケカビ亜門（いずれも細胞隔壁をもたない多核管状体の菌糸を構成）よりも長寿命で、より大きなネットワークを構成できる担子菌亜門の菌糸体（細胞隔壁をもつ二核菌糸を主とし、菌糸束などの肉眼的な菌糸体組織を形成できる）のほうが、共生パートナーとして都合がよいのかもしれない。

いくつかの外生菌根性の樹種では、実生の段階ではアーバスキュラー菌根と外生菌根の両方を形成する場合があるが、いったん外生菌根が形成されるとアーバスキュラー菌根はほとんどみられなくなる。こういった例をもとに推察すると、アーバスキュラー菌根共生を主としていたある植物が、進化の過程で外生菌根共生に乗り換えたのではないだろうか。現存する陸上植物の種数や分類群だけを比較すると、大多数はアーバスキュラー菌根共生を主としており、森林を構成するような一部の分類群（おもに樹木）だけが外生菌根共生を行っている。しかし、生態系の観点からは、広大な森林では外生菌根共生が優占することが多く、多くの樹種が選択的に外生菌根共生を行っているとみることができる。さらに、先に述べたように、外生菌根共生では樹木－菌根菌の間で特異的な関係もみられる（アーバスキュラー菌根ではそのような特異性はずっと低いと考えられている）。ということは、現時点でアーバスキュラー菌根を形成しているある植物群が、いずれ外生菌根共生にシフトしていくことがあるのではないだろうか？　これは想像の域を出るものではないが、通常はアーバスキュラー菌根を形成しているバラ科やニレ科の樹木でしばしばみられる、イッポンシメジ属（担子菌亜門）との外生菌根様構造（外観は外生菌根と同じだが、内部構造は菌根に合致しない）は、そういった進化の過渡的な証拠ではないのだろうか？

一方、菌類の進化の点から推察すると、また少し違った面がみえてくる。菌類は原則として葉緑体をもたないので、炭素に関しては従属栄養性である。菌類界を構成する種はきわめて多様であり、いわゆる腐生から寄生、病原性、共生と、幅広い生態的適応進化がみられる。外生菌根菌が属する担子菌門をみると、キノコを含まないサビ菌亜門とクロボ菌亜門は、それらのほとんどが植物寄生菌・病原菌である。一方、外生菌根菌を含む担子菌亜門には、木材腐朽菌、落葉《らくよう》分解菌、そして外生菌根菌と、大きく異なる生態群が含まれる。しかしよくみると、いずれも植物との密接な関係をもっている。すなわち、担子菌亜門は、呼吸基質のもとである糖を得るために、植物を分解するかあるいは共生関係にもちこむか、それぞれ対照的な立ち位置をとっているとみることができる。これら担子菌亜門全体を分子系統学的な手法で解析すると、一つの興味深い方向性がみえてくる。担子菌亜門の始祖がどのような生活形態であったのか十分に解明されているわけではないが、他の亜門との関連から推察するに、腐生能（有機物を分解し炭素源として利用する能力）に優れた菌類として進化・派生してきた可能性が高い。そういった中から、木材腐朽菌のように、木質の主成分であるセルロースやリグニンなどを強力に分解する能力をもつ菌類がさらに派生して無数の種分化をもたらしたと考えられる。同時に、そうした腐生菌の派生・種分化の隙間から、外生菌根菌の系統群がランダムに収斂進化※してきたことがうかがえる。つまり、腐生性の祖先系統群から外生菌根菌が進化してきたと推察されるのである。[*4] そして、逆の進化、すなわち外生菌根菌から腐生菌へのシフトはどうやらあまりなさそうなのである。この進化のパターンの意味を考えると、炭素（糖）を安定的に確保することをめざし、外生菌根菌になった可能性が浮かび上がってくる。いったん共生関係を結べば、何十年にもわたって恒常的に糖類の供給を受けることができるからである。

※——異なるグループの生物が同じような環境に適応することで類似した特徴をもつようになること。

マツタケと菌根共生

マツタケは、高級食材として産業的にも大変重要なキノコである。今やマツタケとその近縁種は、matsutake や matsutake mushroom で通じるグローバルなキノコだ。これらの市場規模（日本国内）

図8　マツタケの子実体
長野県豊丘村のアカマツ林に発生

は三〇〇億円とも言われている。一方で、これまでのマツタケの菌根の研究をふり返ると、マツタケの菌根は、一般の外生菌根共生に似て非なるもの（特殊な菌根）として、しばしば論じられてきた。しかし近年の研究から、そういった議論の前提となる「マツタケの菌根」に関する知見をいま一度精査する必要が出てきた。そこで、マツタケの菌根に関する最新の知識を整理してみることにする。なお、ここでは単にマツタケと言うが、これは菌類の一種としてのマツタケ菌のことである。また、時々、マツタケ菌の子実体（キノコ）のこともマツタケと呼んでいるので混乱しないようにお願いしたい。

マツタケは、アカマツ林で発生することがよく知られているが（**図8**）、これは言うまでもなくマツタケ菌の子実体（キノコ）である。マツタケは、マツの根系と密接な関係をもちつつ、土壌中

図9　マツタケのシロの様子
写真の中ほどで白色にみえている部分（2カ所）がシロ。マツタケの子実体の発生地点を中心に、林床のマツの落ち葉を取りのぞき、有機物層（土壌A層）を掘り進めるとシロが露出した。茨城県常陸大宮市で撮影

にシロと呼ばれる肉眼でもわかる菌糸体構造を形成する（**図9**）。これは古来より経験的に知られていた。そして、二〇世紀初頭には、マツタケを外生菌根菌とする記述がすでになされていた。

一方、一九二〇年代には、マツタケとアカマツの菌根に関する顕微鏡観察にもとづく記載がなされた。その描画図は、現在の定義や知見にもとづくと外生菌根の特徴を備えていると言えるが、記載文の中ではハルティヒ・ネットに関する記述がなされなかった。また、同時に行われた菌根合成実験において、マツタケの菌糸がアカマツの実生の根系の細胞内に侵入・定着する様子が描かれた（残念ながら、このとき使用した培養株はマツタケ菌ではなく、混入したケカビ亜門の

Umbelopsis 属菌であることが、顕微鏡写真から判読できる)。

こうした事例をもとに、二〇世紀中盤以降、マツタケを外生菌根菌とすることが避けられ、単に菌根菌と記述されるようになった。

一九六〇年代から一九七〇年代にかけて報告された、アカマツ根系上のマツタケの菌根に関する形態学的研究では、必ずしも十分な証拠写真が示されず、詳細の判読が困難な例や本来掲載すべき組織構造以外のものが記載される例も散見される。したがって、一九二〇年代に記載された図を上まわる証拠はほとんど得られなかった。一方、一九五〇年代から一九七〇年代にかけて、マツタケの生態や培養株に関する研究で大きな進展があった。しかし、菌根合成に関する研究はあまり行われなかったようで、残念ながらこの方向でも菌根に関する研究の進展はみられなかった。一九七〇年代当時の見方を要約すると、「マツタケの形成する菌根はいわゆる外生菌根ではなく(特にハルティヒ・ネットを形成せず)、むしろ宿主に対して寄生的な、偽菌根《ぎきんこん》※様の形態的特徴を示す。また、宿主に対するそのような性質のため、菌根合成を行っても実生が枯死してしまう」というものであった。[*5] この解釈を現在の菌根学をベースにみていくと、当時のマツタケ研究では、他の外生菌根菌との十分な比較検討がされておらず、やや客観性を欠いた結論が得られたと言わざるをえない。

※――「偽菌根」という用語は、定義が不明確であるため今日では使用されていない。

少し時を経て一九九〇年代の終盤以降、私がちょうど学位を取得して博士研究員(博士号取得後、任期つきでプロジェクトの研究に従事する研究員)として働きはじめたころ、マツタケの研究、特に菌根に関する研究が再び脚光を浴びるようになってきた。私がマツタケ研究をすることになったのは、（夢のない平凡な話だが）職を得るにあたってマツタケの栽培化研究以外に選択の余地がなかったというのが正直なところである。学生時代から外生菌根共生の生態に興味をもち、それまで、多様な菌根菌の集団を対象に研究してきたので、マツタケだけにしぼって研究を進めるというスタイルにはとまどいやものたりなさも否めなかった。一方、栽培研究としては難敵と目されており、過去に無数の研究がされているマツタケで、今さら何を研究したものかというあきらめに似た気持ちもなかったわけではない。しかし、マツタケ山に通い、山林の施業やシロの調査を進める中で、先ほど述べたマツタケ菌根に関する研究上の問題点がしだいに浮かび上がり、研究意欲も高まっていった。その結果、「マツタケはアカマツを含むマツ科樹種と外生菌根を形成（ハルティヒ・ネットを形成）し、菌根合成実験でも外生菌根形成が再現され、それらは共生の範疇に入る」という結論のもとになる基本的[*6*7*8*9]な知見を得ることに貢献できた。現在、こういった知見をもとに、外生菌根菌であるマツタケの人工栽培技術の開発研究がいくつかの研究機関で取り組まれている。余談だが、私のマツタケ研究の初期にライバルとして競った研究者らとは、二〇年余りを経た今日では菌根研究の仲間として互いに協力する間柄である。

国産マツタケの生産と森林環境

マツタケの国内収穫量は、一九四一年に一万二〇〇〇トンという最大値が記録された。その後、収穫量は減少の一途にあり、今世紀に入ると一〇〇トンを切るまでになってしまった。過去八〇年ほどの間に、最大値から一パーセント未満にまで激減したと言える。一九四〇〜一九五〇年代の平均数千トンから、戦後復興とエネルギー革命（薪や炭からガス・石油へ）が進むとともに生産量が減りはじめた。すでに一九六〇年代前半には一〇〇〇トン近くまで低下し、後半には一〇〇〇トンを切る年も出てくるようになった。

エネルギー革命により、それまで禿山同然だった里山のアカマツ林に落ち葉が積もり、森林環境が大きく変化した。同時に、山村人口も減少し、山林の管理もしだいに行われなくなっていった。この結果、アカマツ林の土壌の養分状態や微生物相も変化し、マツタケ集団の減少を引き起こしたと考えられている。マツタケは元来、岩山のマツやツガの樹下によく生えるキノコであり、貧栄養で乾燥の激しい場所でも生育可能である。逆に、落ち葉が堆積し土壌が肥沃な斜面に成立するアカマツ林ではみられない。そのため、一九六〇〜一九七〇年代には、マツタケ山の環境改善（落葉層・腐植層の除去と雑木の刈り払い）が推奨され、その点に関する学術研究や技術研修が全国各地で行われ、一定の成果を収めていた。しかし、第二の波とも言えるより大きな問題、すなわちマツ枯れ（マツ材線虫病）が、マツタケ山を襲ったのである。

一九六〇年代には西日本の各地で被害が広がりはじめ、その後猛威をふるうようになると、みるみるうちにマツタケ山（アカマツ林）が消えていった。一九七〇年代には、生産量数百トンという低レベルが常態化し、一九八〇年代後半には二〇〇トン程度、一九九〇年代には一〇〇トン程度という年が現れるようになった。このマツ枯れの被害は、せっかくのマツタケ山の環境改善を無効にしてしまったのである。[*10] 一度マツ枯れが広がると、仮にわずかに生き残ったマツが再生したとしても、雑木が優占した森では、マツタケ山の再生は実際問題無理なのである。また、マツタケの地域集団が著しく縮小すると、マツ林を再生できたとしても、マツタケが再定着する可能性が絶たれてしまう。このため、かつて大産地であった西日本の各県では、マツタケ生産はもはや昔話になってしまった感が否めない。

マツタケ――シロとその生態

先述したマツタケの「シロ」について、もう一度説明しよう。シロの語源には諸説あるが、ある種のキノコ（子実体）が毎年のように発生する場所（とりわけ林床）を一般的にシロと呼ぶことがある。これは、キノコ狩りの好きな人や野生キノコを商業的に集荷する人の間で、普通に使われている。特にマツタケの場合には、必ずといってよいほど使われている。しかし、学術的に使う場合は、少しニュアンスが違っている。

シロは、子実体を生み出す土壌中の菌糸体コロニーである。シロは、林床土壌の鉱物層（B層）を中心に、肉眼でみえるサイズで広がっている（**図9・図10**）。実際問題、シロが林床のどのあたりに広がっているのかは、子実体が発生しないとわからない。子実体の発生地点にピンなどの目印を立ててマーキングし、後日その地点の落葉・腐植層と有機物層（A層）を剝ぎ取ると、鉱物層にやや白色がかった領

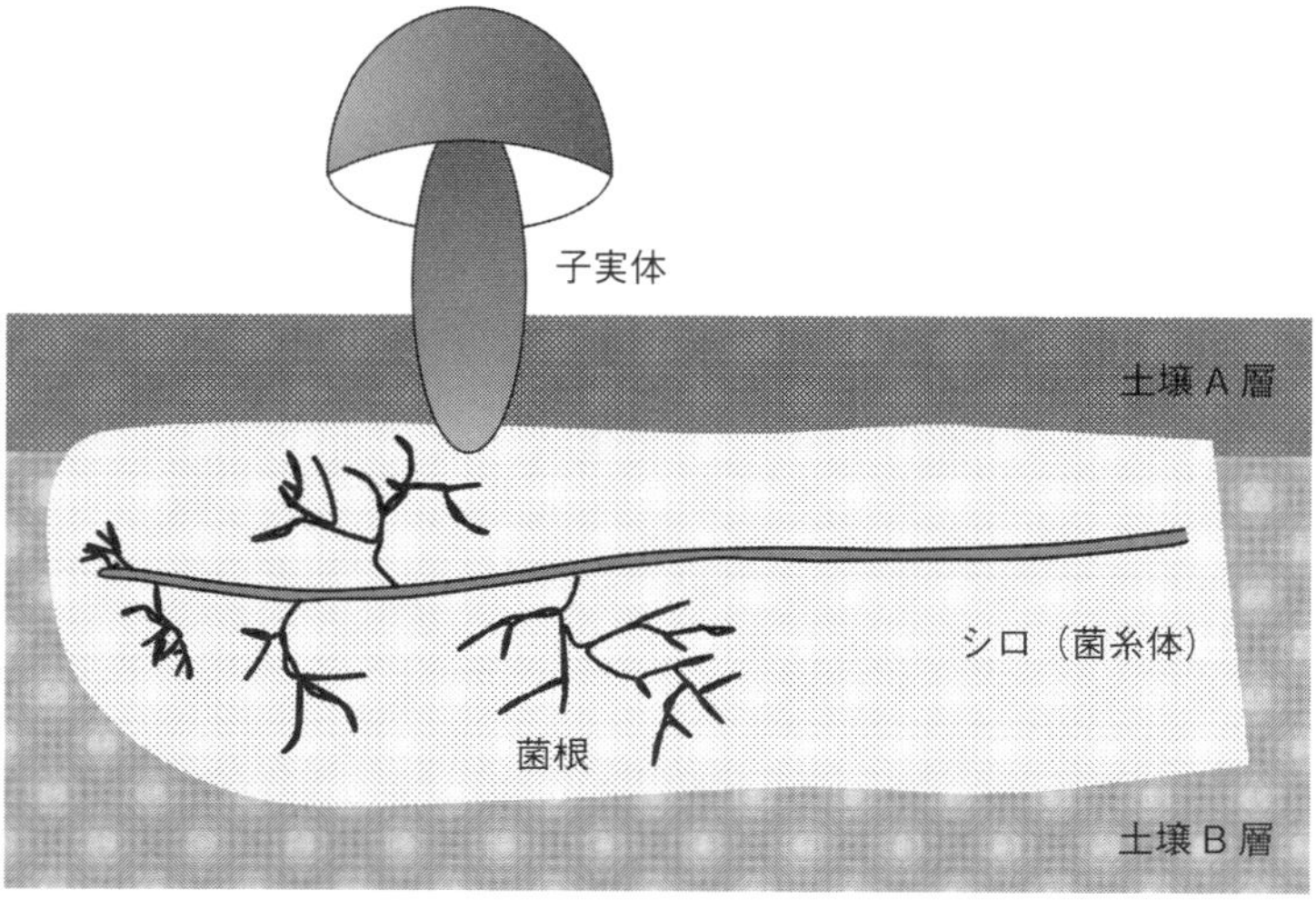

図 10　マツタケのシロと子実体発生の関係
マツタケの子実体直下の土壌中にはこのようにシロが広がっており、シロは左側に向かって伸長を続けていく。肉眼では、白色の菌糸体に対して菌根が暗色（黒色）にみえる

域が現れる（図9・図10）。これはマツタケの菌糸体が広がったものである。菌糸体の密度などでその色調に濃淡はみられるが、肉眼的な菌糸束がみられることはない。

この菌糸体の広がりを、表層土壌をたんねんに剝ぎ取って観察していくと、土壌の垂直方向で五〜二〇センチメートルあまり、水平方向には幅二〇〜三〇センチメートル程度、帯状で数メートルにもわたっているのを観察することもある。興味深い点としては、シロの一部分（土壌）を崩して匂いを嗅ぐと、独特な香りがすることだ。このシロの色調（あるいは菌糸体のマクロな形状や質感）と香りは、菌根菌の種類によって驚くほど違う。つまり、マツタケのシロの様子を覚えると、他のキノコのシロとはおおよそ区別できるようになる。ちなみに、私の研究室でマツタケのシロの調査を行う際には、学生にこの香りを必ず覚えてもらうことにしている。この香りを指標にシロや菌根のＤＮＡを解析すると、ほぼまちがいなくマツタケが検出される。

シロのもっとも重要な点は、その内部に必ず外生菌根が茂っていることである。菌根学の観点から説明すると、マツタケのシロは、無数の外生菌根から土壌中に広がった大量の根外菌糸体が占有する土壌中の領域である。そして、そのシロの上面に、季節になると子実体を発生させるのである。

子実体を発生させる環境シグナルとして、シロの地温一五〜一九℃（地域により異なる）が推定されている。子実体の発生位置をもとにシロの増殖様式を調査すると、林床の水平方向で毎年一〇〜二〇センチメートルの速度で移動していくのがわかる。マツタケの生育に好適な林床環境では、シロはマツの木を中心に円形または馬蹄形を示しながら同心円状に拡大し、メートル単位の直径に至る。菌類の特徴である同心円状のコロニー増殖パターン、土壌中に広がる宿主であるマツの根系分布パターン、そして土壌中の岩石などの分布パターンなどが合わさって、実際のシロの増殖パターンが決まると考えられる。ちなみにマツタケ狩りの名人は、前年に出た子実体の場所を覚えており、その周囲をたんねんに探して効率的に子実体を見つけているのである。名人だからといって、どこの森でも簡単にマツタケを見つけ出せるわけではない。

このような、マツタケのシロの基本的な構造は、一九五〇〜一九七〇年代に行われた精力的な調査研究により明らかにされた。近年は、このシロの動態について、ＤＮＡマーカーを駆使して詳述できるようになってきた。たとえば、円形のシロがあった場合、それが一つの個体（一種類の二核菌糸体）で構成されていることもあれば、複数の個体がモザイク状に分布している場合もあることがわかってきた[*11]。特に大きなシロでは後者の例が多い。また、シロを特徴づける化合物の研究も進められている。マツタケの菌糸体が分泌するシュウ酸と土壌中のアルミニウムが反応してシュウ酸アルミニウムが生成し、これがマツタケのシロから他の土壌微生物を排除する（顕著な抗菌活性を示す）ことが報告されている。これらの研究は、分析のプロと現場のプロ（私はどちらかと言えば後者）の協力ではじめて成り立つものであり、マツタケの生態解明には多方面からのアプローチが重要であると言える。

マツタケの近縁種とその地理的な分布

国産のマツタケはきわめて高価でなかなか手が出せないが、少し安価な中国産や北米産の松茸（輸入品目としての名称表記は「まつたけ」）をスーパーマーケットなどで購入される方もいるかもしれない。日本のマツタケは、学名をトリコローマ・マツタケ（*Tricholoma matsutake*）と言い、一九二五年の新種記載以来、独立した種とされている。かつては日本を中心とする東アジアに分布する種と考えられてきたが、ユーラシア大陸の西端であるスカンジナビア半島やヨーロッパアルプスにも分布することが明らかにされている。一方、マツタケにごく近縁な種としては、北米から中米に分布するアメリカマツタケ（トリコローマ・ムリリアナムとトリコローマ・マグニベレア）やメキシコマツタケ（トリコローマ・メソアメリカナム）、地中海沿岸域（トルコから北アフリカの山地）に分布するアナトリアマツタケ（トリコローマ・アナトリカム）が知られている。[*12] マツタケ以外のこれら四種は以前、オウシュウマツタケ（広義のトリコローマ・カリガータム）として一括りで取り扱われることもあった。しかし、ヨーロッパに分布する狭義のトリコローマ・カリガータムは、上記の五種とは別種であることが判明しているうえ、食材としての価値にはやや欠けるようである。

日本国内に再び目を向けると、系統学的にはトリコローマ・カリガータムよりもさらに少し離れるものの、マツタケに容姿がよく似ているニセマツタケ（*T. fulvocastaneum*：香りが弱い）とバカマツタケ（*T. bakamatsutake*：香りが強い）が知られている。いずれも広葉樹林に発生することや、やや小ぶりであるため、国内産については市場でもマツタケとは区別されるが、食材としての価値はマツタケに準じている。この二種はどうやら東南アジアにまで分布しているようで、近年は「まつたけ」の名で輸入されている。

マツタケの分布域はユーラシア大陸の東西端にまでまたがり、潜在的には広大な地理的範囲を含んでいる。したがって、遺伝的なバリエーションや生態的な分化も幅広いと言えよう。これらは将来的に、各地の地域集団ごとに別種として取り扱われる可能性もあり、今後の研究が大いに待たれるところである。

日本国内のマツタケについても簡単にふれておこう。日本列島では、北海道、本州、四国、九州のすべてがマツタケの分布域である。西日本のマツタケ山はもっぱらアカマツ林に限定されるが、東日本では事情がやや異なる。近年の国産マツタケの主産地である長野県でも、マツタケ山の多くはアカマツ林

図11　さまざまなマツ科の樹種と共生するマツタケ
①ツガ林で発生した子実体（長野県大鹿村）
②シラビソ林で発生した子実体（長野県松本市）
③トドマツ林で発生した子実体（北海道西興部村）
④ハイマツ林で発生した子実体（北海道足寄町）

だが、やや標高の高い山域ではツガ林やコメツガ林が入ってくる（**図11**①）。特に標高一五〇〇〜二〇〇〇メートル付近の山域では、コメツガ林がマツタケのおもな収穫地になる。このほか、シラビソ林でもマツタケの発生が知られている[*13]（**図11**②）。東北地方でも似たような状況にある。さらに北海道に行くと、事情は大きく異なる。というのも、北海道にはアカマツが分布しないため、マツタケの宿主はそれ以外の樹種に限定されてしまうのである。おもな発生林は、トドマツ林（**図11**③）、アカエゾマツ林、そしてハイマツ林（**図11**④）である。いずれも、尾根筋や腐植層の少ない砂礫質の林床で発生する。

いかにマツタケを増産するか

マツタケの増産をめざすもっとも現実的な取り組みは、マツタケの発生しているアカマツ林やツガ林なら、環境整備（雑木などの除伐、灌木の刈り払い、腐植層の除去）を継続的に行い、マツタケ発生により適した林を維持していくことである。そうすることで、集団の密度が増加してくる。しかし、マツタケの発生がまったくみられなくなった林や、過去に一度もマツタケの発生がみられていない林では、隣接する山域からのマツタケ胞子の飛散や定着を待つ必要がある。仮に胞子の飛散があったとしても、それらが定着するための条件が必ずしも十分に揃わない可能性も考慮しなければならない。したがって、そのような林では、環境整備だけでマツタケを増産させるのはあまりにもリスクが高く、成功の可能性は大変低いと言わざるをえない。そのうえ、マツタケの集団密度が著しく低下した山域では、むしろ絶滅が懸念されるような状況が広がっており、増産をめざすのは大変な困難をともなうと予想される。

このため、別のアプローチとして、菌根合成法（**図6**）によりマツタケのシロを保持したマツ苗を作出し、それを山地に移植する、という取り組みがあげられる。先述したとおり、マツタケとアカマツの間で形成される外生菌根は共生である。つまり、マツタケの外生菌根が無数形成されシロを形づくるようになったアカマツ苗を量産できれば、それを山地に移植することで、マツタケのシロを林床に定着させることができると考えられる。私は過去一〇年あまり、林業関係の研究機関などと連携して、菌根苗を作出する技術の改良や菌根苗の大型化に取り組んできた。[*14][*15] この実用的な技術については、まだ基礎研究の段階であるが、近いうちに苗の量産化や大規模な野外試験が行われるようになるだろう。そこまでたどり着けば、マツタケの増産も遠い将来の話ではなくなるにちがいない。

マツタケはわからないことだらけ

最後に、マツタケ増産のヒントについてもふれておこう。なぜマツタケを量産できないのかというと、つまるところマツタケの生態や遺伝に関する知見に乏しい、ということにつきる。キノコの遺伝学に関する教科書では、マツタケを含む担子菌は、半数体（n）の担子胞子が発芽すると一核菌糸（n）となり、これが交配型の異なる別の一核菌糸（n）と出会うと、菌糸融合（すなわち細胞融合）して二核菌糸（n＋n：重相）を形成する。動植物とは異なり、細胞融合ののちに速やかに核融合を生じて複相（2n）化に至ることはない。つまりキノコの菌糸は、ユニークな細胞の特徴をもっていると言える。そして、この二核菌糸体が成長を続けて子実体を発生させると説明されている。また、菌根の教科書では、二核菌糸となった菌糸体が根に定着し外生菌根を形成すると解説されている。では、自然界でマツタケの胞子が飛散し、新たなシロをつくる過程は、どのようになっているのだろうか？

外生菌根菌のヌメリイグチ属やキツネタケ属では、子実体から得た大量の胞子を鉢植えした宿主の根系に接種することで簡単に外生菌根を形成させることができる。細かなプロセスの説明を省けば、宿主根の近傍で発芽した胞子が速やかに二核菌糸になると同時に根に定着して外生菌根形成を開始すると考えられる。しかしマツタケでは、実験によるこうした事例は知られていない。一方、先にも述べたように、マツタケのシロでは遺伝的なモザイク（遺伝的に異なる複数の菌糸体集団）が見出されている。これには、シロを構成する二核菌糸（n＋n）とそこから発生した子実体より散布された胞子（n）との間で細胞融合が引き起こされ、新たな遺伝型の二核菌糸が形成される「ダイモン交配」が関わると推察される。つまりは、自然界において、どのような過程を経てマツタケ胞子が二核菌糸を構成し、外生菌根、そしてシロを形成するようになるのかといったプロセスが、じつはまだよくわかっていないのである。[*16]この点をうまく解明できれば、胞子散布（接種）により新たなシロを形成させるための研究手法と実用技術が開発されるだろう。

また、新たなシロが形成されてから子実体が発生するまでに何年を要するのか、シロがどのくらいのサイズになると子実体を発生させられるのかについても、十分説明できるほどのデータは得られていない。シロの増殖には菌根量が密接に関わるはずだが、両者の量的関係もまだ明らかにされていない。一九七〇～一九八〇年代に取り組まれたシロの移植試験についても、なぜうまくいかなかったのか、事後の検証が十分にはなされていない。こういった時間や手間のかかる野外試験についてもしっかりと取り組み、マツタケの生態を一つひとつ解明することで、マツタケ山の再生やマツタケの増産に近づくことができるのではないかと考えられる。

コラム●わが国における外生菌根研究事情

外生菌根に関する研究は一九世紀の末に始まり、二〇世紀の初頭にはすでに菌根合成の基本的な手法が確立された。そして二〇世紀中盤からは共生のメカニズムに関する生理・生化学的研究も始められ、今日のゲノム科学的手法を駆使した研究や、地球科学的視点の研究にまで発展している。一方、共生のメカニズムを実学に生かす研究も進められている。具体的には、森林再生や荒廃地の緑化に際して外生菌根菌を人工的に導入する研究や、トリュフやマツタケの栽培のために共生の仕組みを活用する研究である。

現在、日本国内の大学で、外生菌根菌やその共生機構に関する講義や研究は、わずかではあるが一〇～二〇校あまりで多少なりとも行われている。一方、森林の生態に関する講義といえば、相当数の理系、特に生物系や農林学系のすべての学部などで行われているはずである。もとをたどって高校の履修科目である生物に着目すると、森林の生態にふれていない教科書は皆無だが、外生菌根に関する記述のある教科書はごくわずかであり、少なくとも必須の教育内容ではない。これは、現実の科学アカデミーで求められている研究の重要性と、日本の高等教育で行われている教育カリキュラムとの大きな隔たりを意味するとも言える。言い換えると、ある学生が森林生態系を理解しようとしたときに、大事な要素に関する理解が十分ではない状況をつくり出しているとも言えるだろう。森がどのように形づくられ維持されているのかを知るうえで、外生菌根共生が不可欠なことを知らないと、つまるところかたよった森の理解にならざるをえない。

今日ではあまり日の目をみないようなわが国の年代物の専門書や啓蒙書に目を通すと、古くから外生菌根に興味をもっていた先人たちが少なからずいたことがわかる。しかし、当時、教えられる教授陣がほとんどいなかったこともあり、外生菌根が日本の大学で本格的に研究されるようになったのはここ二〇年くらいだ。

じつは、日本の森林は、外生菌根の研究を行うには大変おもしろい場所である。いわゆる生物のホットスポット、世界的にみてもきわめて生物活動が活発で多様性の高い日本列島は、外生菌根菌に関してもおそらく世界最大級の種多様性を保持している。地球科学的にも、日本列島は複数の大陸プレートがぶつかって形成された島嶼・火山域という、地球上でも大変めずらしい場所である。したがって、多様な樹木–菌の相互作用がそこかしこに溢れており、研究材料には事欠かないのである。また、ライフサイエンス分野に関する研究者の厚い布陣があり、必要に応じて共同研究が身近に行える利点もふまえれば、これからは世界の外生菌根研究分野をリードしていける素地があると言えよう。この本の読者には、ぜひとも外生菌根の研究分野に加わってほしいと願っている。

（山田明義）

第3章

外生菌根菌を通して海岸林の再生を考える

松田陽介・小長谷啓介

本章では菌根の中でも、樹木、とりわけ海岸の林を形づくるクロマツと共生する菌根菌について解説する。最初に海岸林に生育する植物とそれに関わる菌類や子実体（キノコ）について述べ、その後、クロマツの根に菌根をつくる菌根菌と、その中で特徴的な菌の働きについて、最後に菌根菌を使った海岸林の維持と再生の可能性について言及したい。

海岸の植物が厳しい環境で生育できるわけ

森の研究と言えば、戦後に植栽されたスギ・ヒノキ人工林の健全な保育、里山を構成する二次林の多様性維持など、もっぱら内陸を対象に行われてきた。しかし、東日本大震災以降、海岸林の意義が再認識され、災害に強い森づくりの研究が進められている。

図1　三保松原の海岸クロマツ林
2013年に富士山世界文化遺産の構成資産に登録され、歌川広重の浮世絵に描かれたり、羽衣天女伝説で知られる羽衣の松が生育したりするなど風致景観的な要素がある一方で、地域住民の暮らしを支える防災林的な要素もある（静岡市三保松原文化創造センターみほしるべ　提供／山田祐記子）

元来、国土を海に囲まれた日本はせまい土地に加えて急峻な地形であるため、歴史的には、海岸部に住居を構える人々と、そこを治める藩や篤農家は、海岸の飛砂や塩害などを食い止めようと何世代にもわたり自然との終わりなき闘いを繰り広げてきた。そこで得られた海岸防災林に関する知恵が、今の私たちの生活を支えている。こうした海岸林にまつわる歴史やその意義、伝承技術は『日本の海岸林[*1]』『海岸林をつくった人々[*2]』『海岸林との共生[*3]』などに詳しく書かれている（**図1**）。しかし、私たちがふだん目にする樹木を支える地下部という視点は、多くの場合見過ごされていた。海岸という潮風、飛砂、夏の暑さなど厳しい環境の中でなぜクロマツをはじめ海岸に特有の植物が生き抜くことができるのかは、植物自体の環境ストレス耐性の高さだけでなく、根に共生する菌根菌も深く関与している。

海岸林に生育する植物と菌根菌

一口に海岸林と言っても日本は南北に長く、気候帯にあわせて成立する林の種類はさまざまである。しかしそのほとんどの根には、外生菌根菌やアーバスキュラー菌根菌と呼ばれる菌類が共生している（図2）。

本州、四国、九州地方の温帯地域の海岸では、クロマツが主要な樹種である。場所によっては、アカマツにとって代わられる地域（例：宮城県の松島、福井県の気比《けひ》の松原）や、紀伊半島南部の暖温帯域では備長炭に使われるウバメガシがみられる。さらに南に位置する沖縄などの南西諸島では、リュウキュウマツが分布する。本州でも東北地方の北部や北海道の冷温帯では、広葉樹のカシワや針葉樹のトドマツ、エゾマツなどが生育する。北海道の襟裳岬周辺にはクロマツ林も広がっているが、それらは天然カシワ林の過剰伐採で荒廃地化したため、おもに戦後に植栽されたものである。

これら代表的な樹種のうち、クロマツ、トドマツ、リュウキュウマツのようなマツ科の仲間やウバメガシやカシワのようなブナ科の仲間には外生菌根菌が定着している（第2章）。この菌根では、外生菌

図2　海岸近くの植生と関わる菌根共生
海岸に生育する植物の根にはアーバスキュラー菌根菌や外生菌根菌が共生しており、貧栄養で厳しい生息環境下における植物の生育を助けている。海岸林の前に広がる砂浜・砂丘地に生きる植物は、アーバスキュラー菌根菌と共生しており、土の中に伸ばす菌糸が砂地の安定性を高めている。海岸林を構成するマツ科やコナラ属の仲間は、大きな樹体によって風を遮り後背地の穏やかな環境を生み出している

根菌の数マイクロメートル（一マイクロメートルは一〇〇〇分の一ミリメートル）ほどの太さの菌糸が細根の先端部付近にからみつき、全体を覆ってしまう。これを菌鞘と呼び、菌の構造物をちょうど刃物（根の部分）をしまう鞘《さや》に見立てている（第2章）。そのため、外生菌根には根毛はなく、普通の根よりもやや太めの印象となる。さらに菌糸が白色や黒色であると菌根もそうした色を呈すため、菌根菌が定着していない根とは肉眼でも見分けがつく（**図3・口絵3**）。

海岸林の林内には低木性でアーバスキュラー菌根を形成するトベラやシャリンバイなど潮風に強い植物が生育している。さらに、イチヤクソウ（ツツジ科）や絶滅危惧種のハマカキラン（ラン科）のようにクロマツと共生する菌根菌を機能的に共有する林床植物もみられる（第4章・第6章）。海岸林の中で厳しい環境で生き抜く植物た

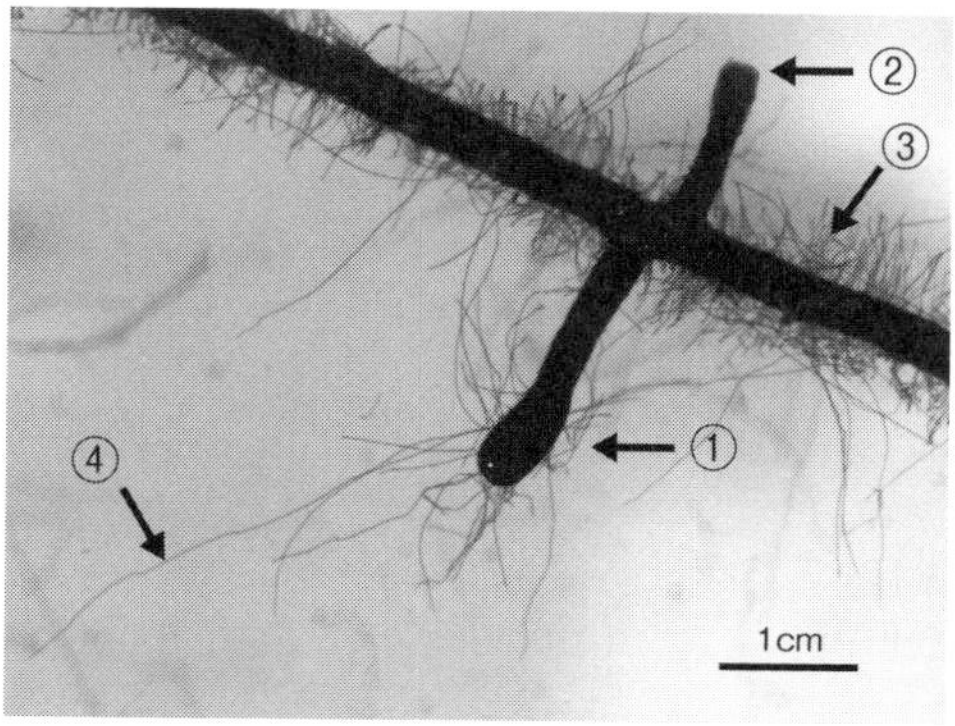

図3　クロマツの細根に形成された菌根
菌根菌が細い根に定着して菌根を形成すると（①）、菌糸が根の全体を覆いつくすために菌の感染のない根（②）よりもやや太くみえる。さらに栄養吸収に関与する根毛（③）よりも菌根菌の菌糸（④）は細く、長く伸びていく

ちの巧妙な生き方を垣間見ることができる。

さて、林を抜けて汀線近くの砂浜に至るまでにもさまざまな植物が生い茂る。場所によって林から汀線までの距離は異なるものの、砂丘背面部には匍伏茎型の草本（ハマゴウ、オニシバなど）が、砂丘前面には砂の移動が多く地面が不安定であるため地下茎型の草本（ハマニガナ、ハマニンニクなど）が生えている。そうした植物にはアーバスキュラー菌根菌が共生している。[*4] 日本でも指折りの砂丘、鳥取砂丘で自生するハマニガナには二〇種類近くのアーバスキュラー菌根菌が共生しており、汀線から離れるほど菌根菌の多様性は高くなり、汀線に近いところには特定のアーバスキュラー菌根菌（グロムス科）の仲間が多く見つかった。汀線からの距離によって塩分濃度が変化したことから、海の近くでは塩類に耐性のある菌根菌だけが定着できたのかもしれない。塩とともに強風も海岸部の環境特性の一つであり、砂の移動による攪乱をもたらしている。北海道石狩砂丘の砂の安定しない砂丘前面付近に生育するハマニンニクと後背面に生育するススキに共生するアーバスキュラー菌根菌の種類は異なっていた。砂丘の前面と後背面の間で塩分濃度に違いはなかったことから、飛砂による土壌撹乱に対する耐性の差が共生相手を決める鍵だったようである。

このように、海浜植物にはアーバスキュラー菌根菌が広く共生しているが、外生菌根と違って、この菌の根への侵入、定着は見た目ではわからない。しかし、植物の根系を砂から掘り出してみると明らかに根よりも細い糸状の構造とともに、その周囲に砂粒が付着している様子がみられる。これは外生菌糸（根から土壌に伸びる菌糸）が砂地の中を伸びる際に、アーバスキュラー菌根菌から滲出する粘性物質により砂粒をくっつけるからである。海浜植物とそれに共生する菌根菌は砂地の安定化に一役買っているのだろう。

海岸に生えるキノコ

海岸林とともに砂地や砂丘など海岸部に生きる植物の多くが菌根菌と密に関わっている。しかし、その関係は地下部の細根における出来事のため、目にすることはない。ただ外生菌根菌の多くは、分類学的に担子菌類や子嚢菌類に属するので、地面の上に大型の子実体（キノコ）を形成する仲間が多い。キノコは、胞子と呼ばれる細胞を形成する器官であり、肉眼で識別することができるくらいの大きさ（一ミリメートル以上）のものを指す。

キノコは「木の子」とも読めて、木々の根元やその周辺の降り積もった落ち葉の下に生える。たとえば、椎に生える「シイタケ」、松に生える「マツタケ」など、和名はキノコの生える場所や様態を示すことが多い。マツ科やブナ科などの樹木の近くで外生菌根菌のキノコがみられるのは、これらの菌が樹木の根によりそって葉から根に送られてきた光合成産物をもらっているからである。そして生きた樹木に依存した生活をしているため、キノコの発生時期は樹木の季節的な成長の仕方と関係する。このことがキノコのシーズンとして人々の脳裏に焼きつけられるのである。マツタケの初競りに関する報道が決まって秋口なのは、その時期にしかマツタケが発生しないためである。シイタケやマイタケなど、落ち葉や枯れ枝、幹の分解によりエネルギーを獲得して生育する腐生菌の仲間は、環境条件さえ整えばいつでもキノコを発生させる。人工栽培に成功していないマツタケに対して、日々の食卓をにぎわすこれら腐生菌のキノコが年中スーパーの商品棚に陳列されているのは、これらのキノコが施設栽培できるからだ。

海岸林で外生菌根菌のキノコを発生させる樹木は、クロマツ、アカマツやウバメガシ、カシワなどだ。内陸の森であれば、二〇センチを超えるような大型のキノコが自然と目に入ってくるが、雨上がりのあとに海岸を歩いたとしても、キノコに出くわさないことも多い。あるとしても、干からびたキノコか、土壌動物などの仕業と思われる食痕のひどいものくらいだ。どうやら、海岸はキノコの発生にとってあまり都合がよくない場所らしい。そしてキノコの発生は、日照や長雨などの気象条件に影響されるので、きれいなキノコに遭遇し、どのような種類のキノコが生えているのかを知るためには、何年もかけて同じ林に足しげく通う必要がある。海までの道のりが遠い場合には、タイミングを見計らうのはなかなか難しい。これが海岸のキノコに関する情報が少ない理由の一つだろう。ただ外生菌根菌の場合、キノコ

図４　ショウロの子実体
春や秋に海岸クロマツ林に発生する外生菌根菌である。地面に埋もれた状態でキノコを大きくしていき、最後には地面から顔を出す地下生のため、シーズンになると発生地の砂地に割れ目ができる。胞子の耐久性が高い仲間と言われており、クロマツの芽生えに最初に共生する菌の一種である

がなくても宿主の根には取りついているので、この菌根から定着する菌を推定するようなＤＮＡ解析が最近、さかんに行われている。

キノコというと柄と傘のある形状が思い起こされる。しかし柄がなく、単に丸い饅頭のような形をしたキノコもある。海岸林でキノコを探していると、小さな砂の割れ目に気づくことがある。じつはこの割れ目は、キノコが砂地の下で大きくなって徐々に砂を押し上げてできたものなのである。美味で知られるショウロはその代表格であり、小石程度のキノコを春先や秋口に海岸林で発生させる菌根菌である（**図４**）。その和名に漢字をあてると「松」に「露」で、

松葉を伝って落ちる雫がこのキノコの発生を誘うと考えられたのだろうか。雨上がりの後はこうした割れ目が比較的はっきりとしていて、それを手がかりにショウロを探すのはまさに宝探しそのものである。

キノコは胞子をつくり、子孫を残すための器官である。傘型のキノコをつくる菌類は地上に顔を出し、風の力を利用して胞子を飛ばす作戦をとる。ではなぜ土の中でキノコをつくる仲間がいるのだろうか？彼らは風ではなく、動物（ネズミなどの齧歯《げっし》類）を利用して胞子を分散させているのである。実際に、動物の糞を土にまぜて苗木を育てると、その根には見事に菌根がつくられている。

火のないところに煙は立たない、ではないが、菌根のないところに外生菌根菌のキノコは生えない。夏の暑さによる乾燥や冬の寒さの中で吹きつける潮風でキノコがまったく生えていない季節にも、キノコをつくる外生菌根菌はクロマツなどの宿主樹木と菌根をつくり共生関係を結んでいる。見わたすだけでは想像もつかない、土の下の菌根共生を次に紹介する。

海岸クロマツ林を支える菌根菌

「白砂青松」とたとえられるように、白浜に映える濃緑のクロマツ林の美しい姿は、日本の海岸の代表的な景観として親しまれている。古くから防風・防砂・防潮塩のために、乾燥や塩害に強いクロマツが全国各地の海岸に植えられてきた。しかし、マツ材線虫病のマツ枯れやニセアカシアなどの広葉樹の侵入によって、クロマツ林は大きく衰退している。近年では海岸林の防災機能の低下をおそれ、積極的に広葉樹を植える動きもある。さらに、東北地方太平洋沖地震により発生した大津波の物理的な被害と、海水が長期間滞水したことによる塩害などの生理的なダメージによって、広範のクロマツ林が壊滅的な被害を受けたのは記憶に新しい。こうした状況を受けて、現在、海岸林造成の意義が再認識され、災害に強い森づくりに向けて、全国各地でクロマツや広葉樹の植樹活動が行われている。

海に面する汀線付近は、砂地のため栄養分と保水性が乏しく、絶えず乾燥などのストレスにさらされている。そのため、自然に樹木が定着することは非常に難しく、比較的乾燥や塩害に強いクロマツも例外ではない。この過酷な環境で生育しているクロマツの根を掘り返すと、ほぼすべての細根の端の部分は根毛が消失していて、その代わりに菌根菌がびっしり共生している。クロマツが土壌中から養水分を吸収するのに、かなりの部分を菌根菌がまかなっているようにみえる。根に共生する菌根菌の多様性やその生態的な機能がわかれば、効果的な海岸林の造成・保全・管理手法を考えるうえでの重要なヒントが得られるかもしれない。

キノコ調査と根の観察からみる菌根菌の多様性

海岸の林にはどのような菌根菌が生息しているのだろうか？　大まかに知りたければ、キノコを調べるのが手っ取り早い。調査例は少ないものの、これまでの知見をまとめると、その概要の一端を知ることができる。新潟県の海岸クロマツ林での調査では五四種のキノコが見つかり、そのうちの約半数は、

図5　海岸で見かけるコツブタケの子実体
①コツブタケは、クロマツなどの海岸林付近に饅頭状のキノコをつくり、時にマツボックリの2倍以上の大きさのものに出くわすこともある
②矢印より上の部分に胞子がぎっしりつまっており、熟すと割れて風で分散する。下の部分は砂に隠れてみえないが、菌糸が集まった根のような構造（仮根）で支えられている。この仲間は苗木の育成を助ける共生菌として世界的に多く用いられている

テングタケ属、ベニタケ属、キシメジ属（**口絵3右上**）、キツネタケ属、アセタケ属、フウセンタケ属、チチタケ属（**口絵3左上**）、ヌメリイグチ属、ヤマドリタケ属など、いわゆる外生菌根菌とされている菌であった。その他にショウロ属[*5]やコツブタケ属の菌が新たに報告されている（**図5**）。

一方、松葉を燃料に使っていた一九五〇年代、海岸クロマツ林では、松葉かきで腐植層が取りのぞかれるとたくさんのキノコが発生して、人々はそれを食用にしていたと記録されている。宮崎平野の海岸クロマツ林でもっとも好んで採られていたのはショウロで、その他にシモコシ、ヌメリイグチ、チチアワタケ、ハツタケ、キツネタケ、ウラムラサキ、アミタケ、マツバハリタケ、シロシメジ、マツオウジ、カキシメジ、ササタケなど多様な菌根菌のキノコが食されて

いたそうである。[*6] こうしたこれまでの調査事例をまとめると、海岸のクロマツ林にはさまざまな担子菌の外生菌根菌がキノコを出しているようだ。

一口に海岸林と言っても、その植生はさまざまである。植生とキノコの発生の関係については小川真の著書『炭と菌根でよみがえる松』の中で、クロマツ林の発達や植生の状況（密植・疎植・ニセアカシアとの混植）に応じて菌根菌の多様性がどのように移り変わっていくのか体系的に解説されていて興味深い。クロマツがまばらに生育するところでは腐植層が薄い状態で保たれ、ショウロやハツタケ、アミタケなどの菌根菌のキノコが出つづけるのに対し、密植やニセアカシアと混植しているところでは、植生の発達とともに腐植が堆積しやすく、それにともなって菌根菌のキノコが出なくなるという。

さらに、この腐植の堆積量と菌根菌の関係を詳しく調べると、落ち葉の層を完全に取りのぞくと細根の量が一時的に減少するものの、時間がたつにつれて回復し、菌根が多くみられるようになる。それにともなってクロハリタケ、キシメジ、ショウロ、キツネタケなどの菌根菌のキノコが発生するようになった。これに対して落ち葉の量を二倍に増やした場所では、細根と菌根の量が減って、菌根菌のキノコがほとんどみられなくなった。このように、菌根菌の多様性は、クロマツ林の発達やニセアカシアとの混植にみられるような植生の変化に加えて、落ち葉かきなどの人の手による環境の変化の影響を強く受けるようだ。

ＤＮＡ解析を利用して菌根菌の多様性を研究する

一九九〇年代までは、菌根の形態観察やキノコの観察から、根に共生する菌根菌の多様性が調べられていた。しかし、外生菌根菌の数は世界で数万種とされているのに対して、菌根の形態的な特徴（色や形、菌糸の走出具合、菌根表面の菌糸体構造など）を詳細に記載した例は数百種のみにとどまる。さらに、キノコと違ってたいていの外生菌根は形態的な特徴が乏しいため、菌根の観察だけでは、どのような種類の菌が根に共生しているのか判別が非常に難しかった。

キノコが発生している地面の下には、その菌が菌糸としてはびこっていて根に菌根を形成していることは推測できても、その逆があてはまるとは限らない。菌根菌の種類によってキノコの発生時期や発生に必要な環境は異なるので、ある菌はその時の条件によってキノコをつくらないこともあるし、仮につくったとしても非常に小型であったり、なかにはショウロなどのように地表に顔を出さない地下生のキノコをつくったりするものもいて、発見できずに見逃してしまうこともあるだろう。このように、根に共生している菌根菌の多様性を知るのは、とても難しく骨の折れる作業だった。

こうしたなか、菌根菌の多様性研究に大きな転機をもたらしたのが、一九九〇年代半ば以降のＤＮＡ分析技術、とりわけ微量なＤＮＡの特定部分を増幅させるポリメラーゼ連鎖反応（ＰＣＲ）技術と、サンガー法と呼ばれる増幅部分の塩基を一つずつ読み取って塩基配列を決定するシーケンス解析技術の発達である。菌根に含まれる菌根菌のＤＮＡの塩基配列を、世界共通のデータベースと照合することによって、菌根をつくっている菌の種類を同定することができる。

現在の外生菌根菌の多様性研究では、①採取した土壌に含まれる菌根を形態からタイプ分けして、②それぞれの形態タイプにはどんな菌が共生しているのかＤＮＡ解析を用いて明らかにし、③それと並行して、その形態タイプごとに出現頻度や菌根の数を計測することで、④どの菌がどのくらいの割合で根に共生しているのか群集構造を推定する方法が主流となっている。

海岸クロマツ林にはどのくらいの種類の菌根菌が生息しているのか？

さて、ここからはＤＮＡ解析を用いて、海岸クロマツ林の菌根菌の多様性を調査した研究を紹介しよう。これまでのキノコの調査から、海岸クロマツ林にはさまざまな種類の菌根菌が確認されているが、実際に根にはどれくらいの種類が生息しているのだろうか？　このシンプルな疑問について、著者の一人、小長谷の経験をまじえながら、実態に迫りたい。

私（小長谷）が海岸クロマツ林に生息する菌根菌の研究に携わるようになったきっかけは、博士研究員として韓国の江原《カンウォン》大学校に在籍したことから始まる。韓国でも日本でみられるマツ材線虫病が猛威をふるい、さらには大規模な山火事が多発して東海岸一帯の大面積にわたる山腹斜面の森林が消失してしまった。そういった荒廃地の緑化に菌根菌を活用することができないか可能性を探るのが、私の当時（二〇〇八年ごろ）の研究テーマだった。当時は、まだ海岸のクロマツ林に生息する菌根菌の研究例は少なかったので、まずは健全なクロマツ林で菌根菌の多様性を調査してみようということになった。

私はこれまで海外に長期滞在した経験がなく、韓国を訪れたのもこの時がはじめてだった。韓国のどこにどんな森があるのか、まったくわからない。事前情報がないところから研究計画を立てるのは、霧の中をあてもなくさまよい歩いているようで、とても不安だった。そんな折、幸運なことに、同じ研究室の当時博士課程の学生だったリ・ソングンが、マツの病原菌として日本でも知られるツチクラゲ（子嚢菌門チャワンタケ目）の菌株を集めるため、韓国の山火事跡地を一めぐりするというので、その調査の手伝い（キノコ探し）をしながら、海岸の様子や韓国の山々をみてまわる機会を得た。

ツチクラゲは、マツの根に感染して腐らせ、結果的に一本の木を丸ごと枯死させてしまう病原菌である。この菌は熱に反応して胞子を発芽させる特徴があり、山火事が起きると発芽した胞子から菌糸を伸ばして生き残ったマツの根にすばやく感染し、その幹周辺の地表部に、まるでかさぶたのような赤褐色のキノコ（何となくクラゲの傘の形に似ている）を大量に発生させる。海岸クロマツ林でもバーベキューのコンロの熱に反応して菌が活性化し、周囲のクロマツを枯死させてしまうことがあるらしい。根の病原菌ということで菌根菌との関係も調べられていて、菌根菌がついている根にはツチクラゲが感染しにくいという報告がある。調査時期がちょうどよかったようで、アカマツの海岸林や山火事跡地で、熟したツチクラゲのキノコをたくさん見つけることができた。

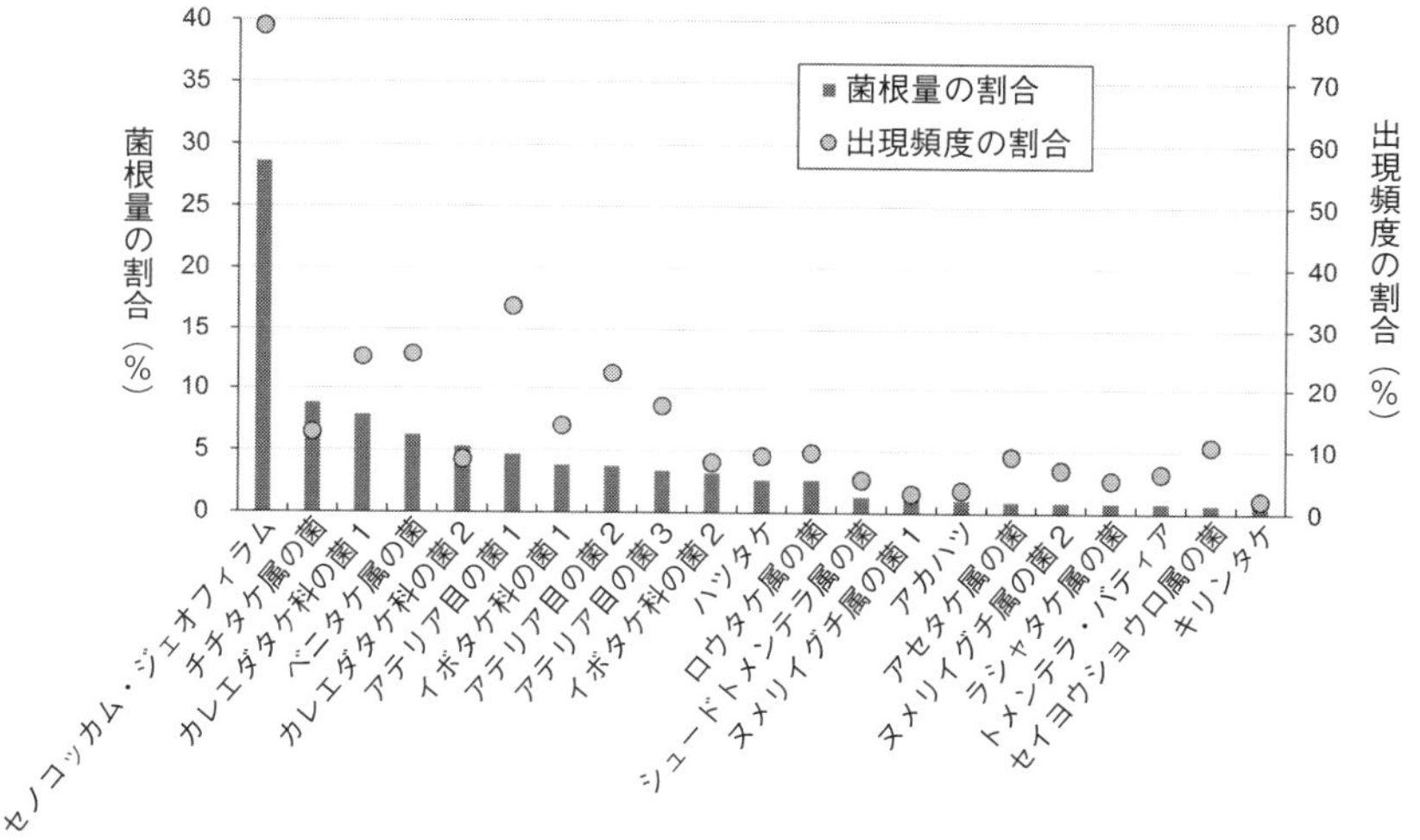

図6　海岸のクロマツの根に共生していた外生菌根菌の割合
海岸に生育するクロマツの根にはさまざまな外生菌根菌が共生していたが、そのほとんどは菌根の形成量が少なく、少しのサンプルにしかみられない（出現頻度の低い）局在種だった。図には全68種のうち、菌根量と出現頻度が低かった47種をのぞく21種の結果を示した（＊7より作図）

さて私のほうは、リ・ソングンと研究室の他の学生の助けを借りて、韓国の東海岸にある六つのクロマツ林を調査することができた。それぞれの林分で菌根菌を調べると、きわめて多様性が高いことがわかってきた。[*7] すなわち、複数の林分で共通して検出される菌根菌はごく少なく、ほとんどの菌は一つの林、さらには一つの林の中でも少しのサンプル中にしかみられない局在種だったのだ（**図6**）。一方、例外的に複数の林分で頻繁に確認されたのがセノコッカム・ジェオフィラム（*Cenococcum geophilum*）という菌で、菌根の量も他の菌と比べるとひと際目立って多かった。

　実際に見つかったのは合計六八種だったが、仮に土壌サンプルの数を増やした場合、新たに確認される菌の種類がどのくらい増えるのかを解析ソフトを用いて推定すると、一六八種が潜在していることがわかった。つまり、今回の研究では多様な菌根菌のごく一部しか検出できなかったということらしい。

ＤＮＡ解析の利点は、データベース上に登録されている他の研究のＤＮＡデータをダウンロードして、手持ちのデータと一緒に解析できる点である。データベース上で「クロマツ」「外生菌根」と検索すると、日本と韓国で行われた七つの研究論文から一四六の塩基配列を参照することができた（二〇一七年八月時点）。ここで、この解析ソフトを用いて、研究事例数（調査地）と新たに確認される菌の種類の関係を調べると、事例数が増えるとともに菌の種数もほぼ直線的に増えていくという結果が得られた。つまり、海岸の砂地に成立するクロマツ林には少なくとも数百種以上の多様な菌根菌が共生しているのはまちがいないと言える。二〇一〇年以降、大量のＤＮＡ配列を一度に解読することができる次世代シーケンス技術によって、これまでと比べて桁違いのＤＮＡ情報量で、土壌から網羅的な菌の検出が可能となっている。海岸林の菌根菌の多様性研究に最新のＤＮＡ技術を活用すれば、もっと多くの菌根菌が見つかるかもしれない。地上のマツ林の植生は単純だが、地下の根にはじつに多様な菌類が共生している。

次に菌の種類を細かくみてみよう。一四六の配列は一〇四種類にグループ分けでき、もっとも多くの種類がみられたのはイボタケ目（二八種類）で、ベニタケ目（一四種類）、ハラタケ目（一四種類）、イグチ目（一二種類）と続いた。その他にセノコッカム・ジェオフィラムがほとんどの研究例で確認された。これらの菌類は内陸部の森林においてもごく一般的にみられる分類群である。海岸地域に特有の分類群の菌根菌が生息しているというわけではなさそうだ。確認された一〇四の菌種のうち、種のレベルまで同定できたものは二〇種類で、それらの中には、キツネタケ、ウラムラサキ、チチアワタケ、ヌメリイグチ、アミタケ、アカハツ、ハツタケ、ケショウハツ、ショウロ、イボタケなど、これまでの文献などでキノコの発生が確認・記録されているものも含まれていた。

一方、残りの八四種類は、データベース上に登録されている既知の種と塩基配列が大きく異なっていたため、種の同定ができなかった。特に、石や地表・落枝などの表面に苔のような目立たないキノコをつくる種が多いイボタケ目の菌の多くがこれにあてはまった。これらの分類群は、キノコの記載報告例が少なく分類が進んでいないため、塩基配列のデータベースも充実していないのかもしれない。クロマツ林にはキノコとして未報告の菌根菌が多く生息しているようだ。

菌根菌の多様性と樹木の成長

海岸クロマツ林を歩くと、成木が枯れてできた隙間の空間（「ギャップ」と呼ぶ）に、無数の実生が生育しているのをよくみかける。このうちの数個体がやがて成長して大きくなり、ギャップを埋めていくことで、海岸林は維持されていく。こうした実生はどのような菌根菌といち早く共生関係を結ぶのだろうか。

韓国の東海岸にあるクロマツ林で、樹齢の成長段階（当年生、一〜三年生、三〜五年生、五〜一〇年生、樹齢五〇年ほどの成木）とともに、根に共生する菌根菌の多様性がどのように変化していくのかを調べると、当年生から一〇年生まで稚樹の成長段階が上がるにつれて根に共生する菌根菌の種類は多くなるが、種構成は多様で特定の変化の傾向はみられず、どの成長段階でもセノコッカム・ジェオフィラムが優占していた。同様の結果は日本の海岸クロマツ林でも報告されている。ここで、成木とその樹下で生育する実生・稚樹の根に共通してセノコッカム・ジェオフィラムが優占していたのは興味深い。

実生・稚樹の下を掘ってみると、それらの根と成木のものと思われる根が混在していて、同じ菌根菌が両者の根に共生しているケースをよくみかける。このように、別の個体の根が密接し、かつ共通する菌根菌が両者と共生している場合、菌根菌の菌糸によって異個体間が連結されている可能性がある。これは「共通菌根ネットワーク（Common mycorrhizal network）」と呼ばれている。実際に富士山の火山荒原で行われた研究では、パッチ状に成立するミヤマヤナギの成木のわきに生育するミヤマヤナギの実生は、成木と共生している菌根菌の菌糸によるネットワークにいち早く取りこまれることによって、ただちに菌根を形成し、結果的に成長が促進されることが明らかにされている。海岸クロマツ林でも、普遍的に分布するセノコッカム・ジェオフィラムによる菌糸のネットワークが、実生の成長・生き残りなどに影響を与えている可能性がある。この菌については次の節でもう少し詳しく述べたい。

謎の「黒い粒」菌核――セノコッカム・ジェオフィラム

はじめてセノコッカム・ジェオフィラムが研究史に登場したのは約二〇〇年前の一八〇〇年で、土の中に直径数ミリの小さな球状の黒い粒々が新種として発見されたことに始まる。のちに一八二五年、菌学の祖と言われるスウェーデンのエリアス・フリースがその変わった形状から新属セノコッカムをつくり、その菌をセノコッカム・ジェオフィラムと名づけた（**図7・口絵4左下**）。セノコッカムとはラテン語で「中空」の「こぶ・干した種子・丸薬」という意味らしい。割ってみると確かに中心に空洞がある場合があり、見た目そのままを表現している。

さてここまで「黒い粒」と言ってきたが、専門的には「菌核」という正式名称がある。菌核というのは、糸状の菌糸とは異なり菌糸体組織が密に集まってつくられた塊状の構造物で、セノコッカム・ジェオフィラム以外にも、二〇目八五属と多様な菌類が菌核をつくると報告されている。[*8] そのため、菌核の形成は、ある特定の菌の分類群だけがもっている性質ではない。菌核と一言でいっても、色・形・大きさ・固さなどの形状はさまざまで、小さいものではウリ科植物に病気を引き起こす植物病原菌のマクロフォミニア・ファゼオリナ（*Macrophominia phaseolina*）がつくる一ミリメートル以下のものに対し、大きいものではラッコセファラム・ミリッタエ（*Laccocephalum mylittae*）という菌がつくる数十センチメートル弱の巨大なものに及ぶ（オーストラリアのアボリジニの人々はこれを食用とすることもある

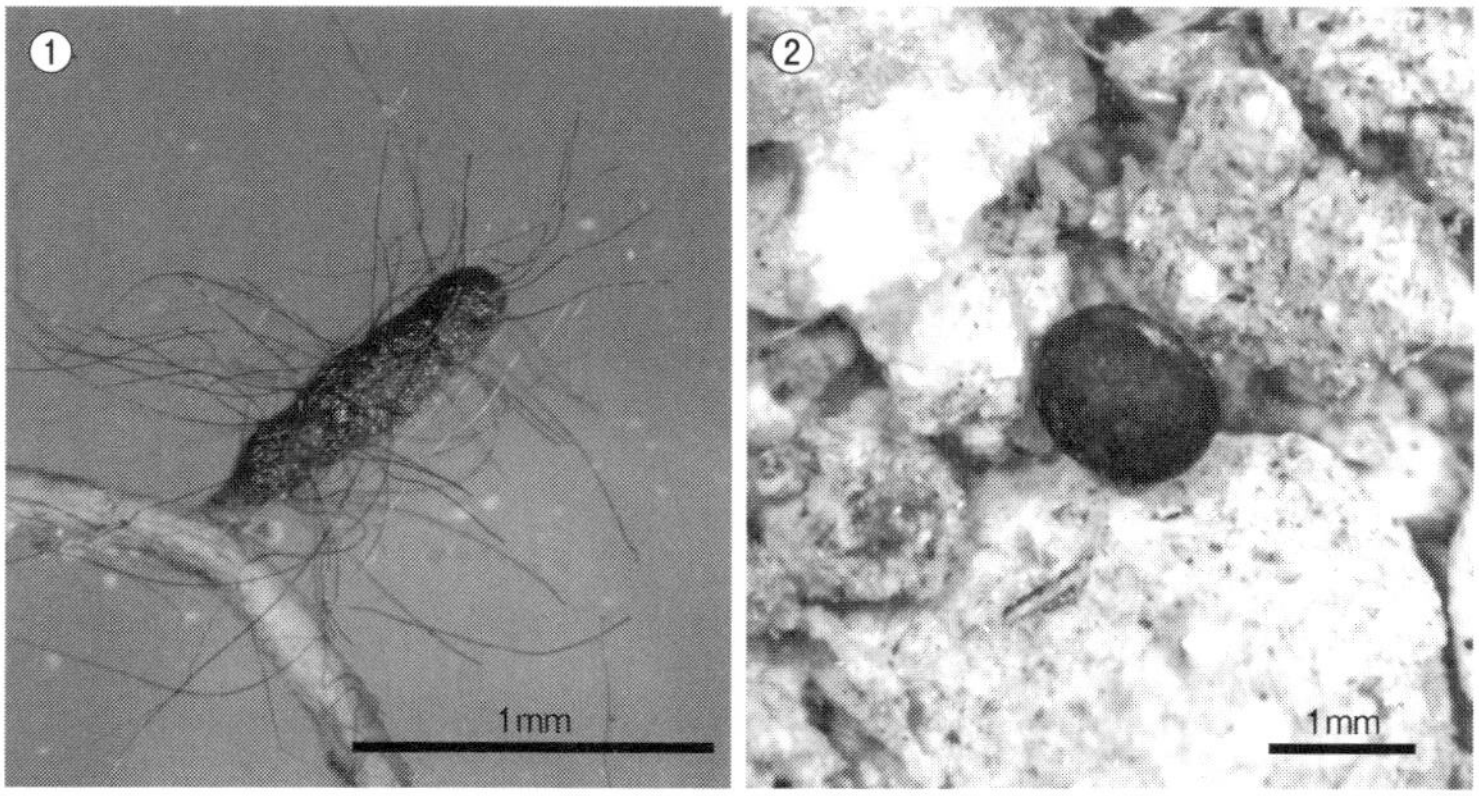

図7　セノコッカム・ジェオフィラム（*Cenococcum geophilum*）の菌根（①）と菌核（②）
漆黒で剛毛状の菌糸を伸ばしている見た目から、他の菌根菌がつくる菌根と容易に区別することができる。菌核も同じ色できれいな球形なので、他の土壌粒子よりも目立って見つけやすい

らしい）。なぜ一部の菌は菌核をつくるのか、いまだによくわかっていない。比較的強固な構造をしているため、乾燥・温度などのストレスや、他の微生物からの攻撃などに対して耐久性があり、こうしたさまざまなストレスに耐え抜いてやがて好適な環境になったときに成長を再開する、いわゆる休眠体としての機能があると一般に理解されている。中には菌核から繁殖体を形成する麦角《ばっかく》菌のように、繁殖のサイクルの一部に菌核形成が含まれている特殊な例も知られている。菌核にはまだ私たちの知らない未知の機能・役割があるのかもしれない。

　セノコッカム・ジェオフィラムは細胞壁にメラニンを含むため難分解性で、その菌根は土壌中で八〇〇日以上分解されずに残るという報告がある。そのためセノコッカム・ジェオフィラムの菌核も同等かもしくはそれ以上の期間、休眠できる可能性があるが、菌核の生存期間をきちんと測定した研究例は残念ながらない。ただ、数カ月間自然乾燥させて活性のある菌糸がほぼなくなった森林土壌に樹木の実生を植えると、セノコッカム・ジェオフィラムの菌根が高頻度で形成されるため、菌核として長期間土壌中に生存していると考えられている。

また、セノコッカム・ジェオフィラムは土壌中に菌核をたくさんつくる。これまでの私の経験から言うと、外生菌根菌と共生する樹木が生育する土壌でもっとも頻繁に確認される菌核はセノコッカム・ジェオフィラムである。セノコッカム・ジェオフィラムに特徴的な菌根（**図7①**）が見出されなくても、土壌中にたくさん菌核が見つかることも頻繁にある。土壌中のセノコッカム・ジェオフィラムの菌核の量を計測した研究がいくつかあり、オウシュウトウヒの老齢林では一ヘクタールあたり四四〇キログラム、ダグラスファーの二次林で二七八五キログラム、北米太平洋岸のアビエス・アマビリスというモミの仲間の林では二三〇〇〜三〇〇〇キログラム（一平方メートルあたり二三〇〜三〇〇グラム！）に及ぶという報告がある。海岸クロマツ林でも同じで、適当に取ってきた土の中から高い頻度で菌核が見つかる。クロマツ林でセノコッカム・ジェオフィラムが優占できるのは、菌核または菌糸自体が、海岸特有の乾燥などのストレスに耐性があることと関係があるのかもしれない。

セノコッカムの知られざる生態

さて先ほどの「DNA解析を利用して菌根菌の多様性を研究する」の節で、菌根の形態観察から菌の種類を判別するのは難しいと述べた。しかしそれには例外があり、セノコッカム・ジェオフィラムがそれにあてはまる。セノコッカム・ジェオフィラムの外生菌根は、色が漆黒（ただの黒ではなく、つやのある漆黒なのが決定的な特徴）で剛毛状の黒色菌糸をまばらに走出することや、菌鞘表面の菌糸配列が特徴的な構造をとることから、容易にその他の菌根と区別することができる（**図7・口絵4左下**）。そのため、DNA解析が用いられるようになる前から、宿主範囲や分布パターンなどの生態が詳しく調べられてきた。特に米国ワシントン大学のジェームズ・トラッペが五〇年以上も前にまとめた博士論文では、セノコッカム・ジェオフィラムの分類、分布や生態が詳細にまとめられており、同菌のランドマーク的な研究として、後学に強く影響を与えている[*9]。

セノコッカム・ジェオフィラムの菌根は海岸林だけでなく世界中のさまざまな森林で見つかっている。北は亜寒帯の北方林、南は亜熱帯のオーク林、海岸付近の森林から山岳の森林限界付近でもよく見つかる。菌根菌の中には限られた植物としか共生しないものも多くいるが、セノコッカム・ジェオフィラムは外生菌根をつくるほとんどの樹木と共生することができる。そのため、外生菌根菌と共生する樹木がいれば、たいていその根には、セノコッカム・ジェオフィラムが共生していると言っても過言ではない。

しかし、こうした分布生態がわかるにつれ、一つの不可解な謎が浮き彫りになってきた。キノコである。これまでにセノコッカム・ジェオフィラムのキノコは発見されていない。植物でいう「むかご」のような栄養繁殖器官である「分生子」と呼ばれる無性胞子も確認されていない。かつてセノコッカム・ジェオフィラムの菌根の周辺に子嚢殻（子嚢菌類がつくるキノコ）の発生が報告されているが、残念ながらDNA解析による裏づけがされていないので、セノコッカム・ジェオフィラムのキノコである確証はない。いたるところで見つかるのに、どのような方法で分散しているのか、わかっていないのだ。

しかし、DNA解析によってこの疑問の答えがわかりつつある。[*10] 北は青森から南は鹿児島まで八つの海岸クロマツ林に生息していたセノコッカム・ジェオフィラムについて集団遺伝学（生物の集団内で遺伝子の構成や頻度の違いを調べる学問）的な解析を行った結果、林分内の個体間で遺伝子の組み換えが起こっており、さらに林分間で遺伝的な交流が起こっていることがわかってきた。さらに、セノコッカム・ジェオフィラムのゲノム中にキノコ（子実体）の形成に関わる遺伝子と、交配に関係する遺伝子が存在することも明らかにされている。また、近年の分子系統解析（遺伝子の塩基配列を用いて、生物の進化の道筋を推定する解析）により、セノコッカム・ジェオフィラムは子嚢菌類の中でキノコをつくるグロニウム属（*Glonium*）にもっとも近い種であることが明らかとなった。こうした情報を整理すると、セノコッカム・ジェオフィラムにもじつは有性世代が存在していて、私たちの知らないところで交配し、目立たないキノコをつくって分散しているのだろうと思えてしまう。

セノコッカム・ジェオフィラムはもっともありふれたどこにでもいる菌根菌であり、さまざまなタイプの森林を支えている。それは海岸クロマツ林も例外ではないだろう。

塩に耐える力——菌根菌、菌根の塩類ストレス

地球上の水の九七・五パーセントは海水で、三パーセントにも満たない淡水が大部分の陸上生物の生活を支えている。海水は河川や湖沼の水に比べて塩分の割合が高く、おおよそ三・三〜三・八パーセントの塩分濃度である。内陸でも、降水量よりも蒸発散量のほうが多い地域では、地下水から土壌表層に塩類が集積して塩類土となる。陸地の六パーセントに相当する面積が塩類による被害を受けており、蓄積したナトリウム塩やカルシウム塩が植物の育たない不毛の地に変えてしまう。また開墾や灌漑などの農耕活動による水位の上昇と根系近くへの塩類の蓄積によって土壌の塩性化を引き起こし、灌漑地の二〇パーセントが塩類被害を受けている。

海岸部は、常に海からの風を受けており、海岸林の塩分濃度は塩類化していない内陸に比べ高いといえる。そして、強風や台風などによって海岸林やその後背地に海水が飛来することで突発的な塩類ストレスをもたらし、沿岸部に生育する木々の葉、野菜などを枯らすことも少なくない。記憶に深く刻まれた東日本大震災の時には、耐塩性の高いクロマツであっても、生き残った木が滞水によって半年後に「赤枯れ」（針葉が赤くなり立ち枯れる現象）に見舞われた。こうした潮風や滞水により被害をもたらす原因の一つは、塩分の中でも海水の八割近くを占める塩化ナトリウムである。

菌類の耐塩性は高いのだろうか。陸上に生育する三五一属九七五種の一五〇〇菌株に及ぶ広範な菌類の耐塩性を調べた研究がある。[*11] この実験ではポテトデキストロース寒天培地（ジャガイモの粉末、砂糖、寒天をまぜたもの）と呼ばれる栄養源に、異なる量の塩化ナトリウムを加えた試験管でこれらの菌株を育ててみた。すると、担子菌類に属する菌株の九〇パーセント近くは五パーセントの濃度でうまく伸びなかった。一方で子嚢菌類の耐塩性は比較的高く、二〇パーセントの濃度でも用いた菌株の数パーセントで菌の成長が確認された。一般的に、アオカビやコウジカビを含む子嚢菌類の耐塩性が高く、キノコを形成する担子菌類はそれに比べると耐塩性が低いようであった。

塩類ストレスにさらされている厳しい環境下の外生菌根を調べた例をみてみよう。中国の内陸部には乾燥した気候条件の下、アルカリ・塩性土壌が広く分布している。そこに生育する沙柳《さりゅう》というヤナギ属の一種の根を調べると、外生菌根の形成がまったくみられなかった個体が一二パーセントもあった。一般に、外生菌根を形成するマツ科やブナ科の宿主樹木であれば程度の差こそあれ、手のひらサイズの根系を見わたせば根の先のどこかには必ず外生菌根が見つかることから、そこはかなり厳しい環境であることが想像される。菌根を形成していたヤナギ個体の中でもっともよくみられた菌根菌は、ジェオポラ属（*Geopora*、子嚢菌門ピロネマ科）の仲間だった。それ以外は、担子菌類のラシャタケ属（口絵3左下）、ワカフサタケ属、アセタケ属などの限られた分類群だった。外生菌根菌も塩性環境の厳しい場所には、子嚢菌類がうまく適応しているのかもしれない。

外生菌根菌自体の耐塩性については、乾燥耐性の高いセノコッカム・ジェオフィラムを、塩化ナトリウムを添加した栄養培地で育てた研究事例がある。その結果、この菌の耐塩性は比較的高かったことから、塩類化した荒廃地の緑化に利用できると考えられた。しかし別の研究では、セノコッカム・ジェオフィラムの耐塩性はどちらかというと低く、コツブタケ、キツネタケ、ヌメリイグチ属のほうが高かった。おそらく、菌根菌の中でも種類や同種内の菌株の間で耐塩性は異なるのだろう。

オーストラリアの西オーストラリア州南西部やビクトリア州では、原植生のユーカリ林から農耕地への土地利用転換によって発生した塩害が問題となっている。この塩害は現在の五・七万ヘクタールから二〇五〇年までに三倍以上に増加するとオーストラリア環境省が推定している。そこで、ユーカリ林の再生を目的として、植林の際に広く利用されユーカリの生育を促すコツブタケ属のさまざまな菌株を対象に耐塩性が調べられた。その結果、塩化ナトリウムを添加した培地での各菌株の生育は、種類や種内の由来によって耐塩性に明瞭な傾向はなく、概して成績がよいことがわかった。コツブタケは日本でもよく目にするので、海岸クロマツ林で分離した菌株を使って、似たような実験を行ってみた。コツブタケを、異なる濃度の塩化ナトリウム溶液を加えた培地で生育させると、確かに中には海水の半分程度の濃度でも生育する菌株があった。ただし、多くの菌株は耐塩性を示さなかった。またチチアワタケというマツに共生する外生菌根菌では、ある程度の耐塩性を示したが、山地で分離された菌株も海岸林で分離された菌株も、成長には大差がなかった。耐塩性に関わる菌根菌の各種の内在的な特性はおおよそ決まっているのかもしれない。

産業活動によって塩類化が引き起こされることもある。たとえば、カナダやベネズエラでみられる油砂という高粘度の石油を含む多孔性砂岩から油を取り出す過程で排出されるカルシウム塩やナトリウム塩が土壌の高塩化、アルカリ化を引き起こしている。そうした採掘地の緑化を推進するため、現地の土壌を模してさまざまな塩濃度とアルカリの条件で、さまざまな外生菌根菌の生育が調べられた。この研究では担子菌類のオオワカフサタケとオオキツネタケが高塩濃度と高アルカリ条件下でよく成長し、緑化事業用に有望な菌株とされた。

耐塩性の高い菌根菌を探せ

海岸地域は暑さ、飛塩、強風など生育環境としてはきわめて過酷である。そのため、当初、海岸に生きるクロマツは何か特別な菌根菌と共生関係を結んでおり、さらに南北に長い日本の地理的特徴から、菌根菌の種類は北と南、日本海側と太平洋側で違うのではないかと考えた。そこで北は青森、南は鹿児島の全国八カ所の海岸林に出かけて、クロマツの菌根を採って調べることにした。調べる時期は、地面表層に広がる細かな根が夏の乾燥で干からびてしまわない梅雨明けまでとした。海岸のクロマツ林と言っても見わたす限り延々と広がる林もあれば、限られた波打ち際のわきにつくられた林もあった。林の大きさはまちまちだったものの、数百メートルほどの範囲を対象にGPSとホームセンターで調達した鉄パイプを持って歩きまわった。一〇メートルから二〇メートル歩いてはクロマツの根元付近から表層三〇センチメートルまでの土壌を鉄パイプで取って袋につめ、背中のバッグに入れていった。この作業を六〇回ほど繰り返して調査が終わるころには、暑さと背中の土の重みですっかり体力が消耗していた。それら採取した土を大学に持ち帰って含まれていたクロマツの菌根を調べてみると、どこの林でも黒色のセノコッカム・ジェオフィラムの菌根がもっとも多いことがわかった。予想に反して、この菌がクロマツの生育、海岸林の維持に深く関わっているようなので、この菌の働きを調べることにした。

菌の働きを解き明かすには、手元に菌株が必要になる。私たちの技術レベルで自然界から菌を手に入れて実験に用いることができるのは、ほんの数パーセントと言われている。その一方で、遺伝子解析が行われるようになった一九九〇年代以降、野外には私たちの想像をはるかに超えた多種多様な微生物が生息することがわかってきた。海岸部でも、前述のように単調な見かけのクロマツ林とは裏腹に、多様な菌根菌が生息することがわかった。ただし、その中でもっとも多く見つかったセノコッカム・ジェオフィラムはキノコがまだ見つかっていない菌根菌なので、この菌株を得るにはクロマツの細根に定着した状態から分離する必要があった。幸いにも調査地のほとんどが砂地だったため、採取した土の中からクロマツの根系を探しだすのは容易だった。それらを実体顕微鏡の下でたんねんに観察し、先の細いピンセットを用いて無傷で元気な菌根を選び出して、菌の分離培養を試みた。菌根の表面に付着する雑菌を殺してから栄養培地に静置すること数週間、そこからひげのような黒い菌糸が出てきた。分離成功である。外生菌根の場合、根の表面に定着する菌根菌が死んでしまっても、根の内部に入りこんだ菌糸が徐々に回復して表面に出てくるわけである。分離がうまくいった菌株を一つひとつ新しい培地に移して培養を続け、最終的に、調査を行ったすべての場所から菌株を得ることができた。

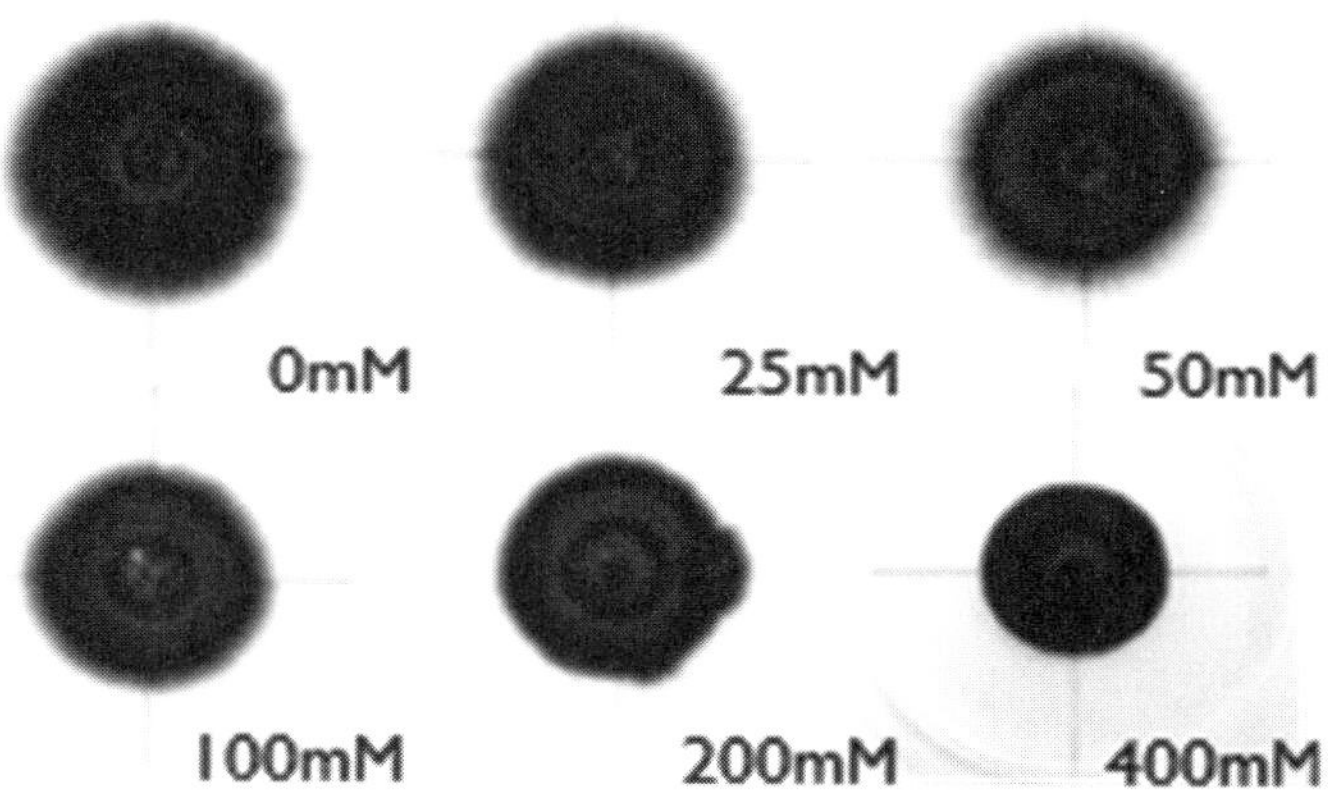

図8　異なる塩化ナトリウム（NaCl）濃度の栄養培地で生育したセノコッカム・ジェオフィラムの生育状況
NaClの濃度上昇とともに菌糸の成長が減退し、400 mMにおける生育減少は顕著だった

菌株が揃ったところで、海岸の主要な塩である塩化ナトリウムを加えて成長を調べてみた。どの菌株も海水濃度の半分程度の二〇〇mM（溶液一リットル中に含まれる塩化ナトリウムのモル数）までであれば、明瞭な菌糸成長の差はみられなかった（**図8**）。一方で四〇〇mMになると明らかに成長の減退がみられた。したがって海岸に生息するセノコッカム・ジェオフィラムは、比較的耐塩性の高い分類群とみてよさそうである。

調査地ごとの耐塩性をみてみると、塩化ナトリウムに対する反応は場所による違いはなく、濃度の上昇にともない成長は抑制される傾向にあった。そして海岸線から近いところで得られた菌株ほど塩耐性が高そうであった。海岸部では、恒常的な潮風や、台風などの一時的な強度の潮風により海水が降り注ぐため、こうした攪乱を通して根に共生する菌根菌の中でも特異的な種、さらにはその種の中でも耐塩性の高い仲間が淘汰されずに生き残っているのかもしれない。この点は今後さまざまな海岸で調査する必要がある。では同じ調査地や海岸林であれば、そこに生育するクロマツと共生する複数のセノコッカム・ジェオフィラム同士で耐塩性が似ているかというと、そうではなかった。同一の調査地であっても、菌株間で塩化ナトリウムの耐性に差があり、なかには四〇〇mMでも成長がまったく衰えないものもあった。

この菌はキノコや分生子の形成が知られておらず、菌株ごとの生息範囲は菌糸の伸長によるクローンとして分布する。実際、調査した林分から採取したセノコッカム・ジェオフィラム菌株には複数の個体または系統が含まれていた。このことは、ある海岸林に生息するこの菌をくまなく探せば、耐塩性の高い菌株にめぐり合う可能性が高いことを意味している。ふだん穏やかな海も、数年に一回くらい見舞われる大きな台風によって海岸林にさまざまな選択圧をかけるはずである。その際、耐塩性の高い菌根菌がクロマツの生き残りを支えているのかもしれない。

海岸林の再生に菌根菌を利用する

菌根菌は密接に樹木と関わっており、その中には成長促進や厳しい自然環境で生き抜くための高い機能を樹木に与える仲間がいる。こうした菌根菌の接種の必要性は、苗木生産や防風帯形成などの場面において欧米ではすでに二〇世紀前半には認知されていた。その後は、いつ、どの場面（苗畑で植栽用の苗木を生産するのか、荒野に林をつくり上げるのか、農地を林に変えるのか）で菌の接種をするべきか、その際にはどの菌種を用いるのかという、植林に有用な菌根菌の選抜が試みられてきた。森林を構成する樹種のうち六〇〇〇種ほどが外生菌根を形成するが、接種対象となってきたのはわずかな樹種（用材、パルプに用いられるマツ属、アカシア属、ユーカリ属）であり、パートナーの菌側の種類は、担子菌類のコツブタケがもっとも多用されている。[*12] つまり菌根菌の利用は、おもに私たちの暮らしに関わる樹種を対象に特定の菌種を用いて世界的に調査が進められてきたと考えてよさそうである。

菌根菌を接種した結果、苗木の生育はよくなるのであろうか。モミ属、トウヒ属、ツガ属では、菌根菌の接種に対する反応は不明瞭であり、成長を促進することもあればそうでないこともある。マツ属の仲間（*Pinus echinata, P. elliotii, P. palustris*）では、コツブタケの接種によっては成長の促進が認められたが、別の菌種（チャイボタケ）ではその効果はみられなかった。さらに、過去二〇年に実施されたさまざまな調査を概観すると、樹種によらず、もともと土の中に生息する土着の菌種も含めて菌根菌自体が細根に定着することが宿主の生育を促進する傾向が示された。その効果は、ユーカリ属、トガサワラ属、コナラ属のほうがトウヒ属やマツ属よりも高かった。

これらのことをふまえると、菌根菌を選抜して特定の菌種をパートナーに迎えることが宿主樹木にとってよいことがある一方で、菌根菌の接種が宿主の生育を確約するものではないことを意味している。菌根共生には菌側も樹木側も多様な分類群を含んでいるので、菌根菌の利用が一様によい結果をもたらすとは限らないのである。

なぜ、菌根菌の利用がうまくいかないことがあるのか。海岸も含めてさまざまな森林の土壌には、必ずといってよいほど菌糸や菌核、胞子などさまざまな形で菌根菌は存在している。そのため、樹木の細根に菌根が形成されない場合のほうが稀であり、菌根共生はかなり普遍的にみられる現象なのである。そのため接種を試みた単独の菌の効果が直接、樹木側に反映されない可能性がある。ところが、菌根菌がまったく、もしくはほとんど分布しない場所に樹木を定着させて、森をつくり上げようとするときには、菌根菌の活躍が見こまれる。たとえば、宝永噴火（一七〇七年）でそれまでの植生が壊滅した富士山や二〇〇〇年に噴火した北海道有珠山の二次遷移では、菌根菌との共生が芽生えの定着とその後の生育を支えている。

またわが国の人工林の七割を占めるスギやヒノキにはアーバスキュラー菌根菌が共生しており、里山の二次林を構成する主要な樹種のマツ科やブナ科に共生する外生菌根菌とはまったく種類が異なる。そのため、種子散布によりヒノキの人工林内で発芽・成長するコナラにはほとんど外生菌根が形成されず、人工林の縁から数十メートルも中に入ると外生菌根菌はほとんどいなくなってしまう。こうした日本の造林地を、アカマツやコナラなどの二次林にもどそうとする場合には、外生菌根菌の導入が必要になるかもしれない。悠久の時を刻む森林の営みにおいて、一次、二次遷移系列の特定の場面では、菌根菌の接種が樹木の定着を促し、その後の生育を確かなものにすると期待される。

延々と続く砂丘地や東日本大震災の後に形成された海砂が厚く堆積した場所には、外生菌根菌が生息していない、または生息していても少ないか空間的に均一でない可能性が高い。また内陸の土砂を用い

図9　海岸部に植栽されたクロマツの実生
①静岡県富士市で行われている、台風後の塩害で枯損した部分への補植。砂質土壌は恒常的な強風、乾燥、貧栄養のため、植物の生育に適さない。その環境下で、菌根菌は宿主植物の根に定着し、少ない水分、養分を宿主に受け渡し、海岸林の形成に貢献している
②マルチキャビティーコンテナ（多数の育成容器がセットされたコンテナ）で育成したクロマツの実生苗で菌根菌の定着がない個体（左）と菌根菌の定着がある個体（右）。矢印は菌根が形成された部分を示す

て造成された盛土の新植地でも菌根菌の密度が少ないか、あったとしても海岸部の裸地特有の環境ストレスに菌のほうが適応できず、稚樹の成長促進効果や環境ストレスの緩和効果が見こめない可能性もある。したがって、海岸林の造成においては、菌根菌の利用によって植栽木の生育を助けることが期待される（**図9・口絵4右下**）。

そこでは、まず土壌中における菌根菌の分布や多様性を理解し、菌の接種がほんとうに必要な場面なのかどうかの見きわめが肝要となる。その際は、土の中の菌を調べなくても、周囲に外生菌根をつくるクロマツなどの宿主樹木が分布しているかどうかが目安になる。

次に、菌根菌の導入方法を検討する。菌根菌の利用が有効であるとしても、生物多様性や遺伝子撹乱の防止、さらには菌根菌以外の病原菌などの他の微生物の不用意な持ちこみを阻止するため、可能であれば地元の森から有用な菌を探すのが望ましい。一般的には特定の菌を利用することは技術的には難しいので、周辺の林から土壌を少し持ってきて苗木とともに植栽するだけで、多様な菌根菌をうまく導入することができるだろう。

次に共生効果を検証する。実際の海岸地域のマツの植栽で、菌根菌の接種効果を実証した研究成果はまだほとんどない。期待される効果として、稚樹の成長促進、定着率の上昇、環境ストレス耐性の向上など稚樹側に与える影響から、土壌動物・微生物相の変化や、菌糸の繁茂による地表面の安定化など、多様なものが考えられる。これらの包括的な影響評価を経て、菌根共生の機能を正しく理解し、菌根菌導入のプラスの効果が実証されていけば、海岸部を対象にした菌根の基礎研究と応用試験研究がさらに加速していくだろう。

海岸林は、民家を守り、波風を防いで背後地における農業生産を守るだけでなく、最近では二酸化炭素の固定機能、景観機能、生物の多様性保全機能、保健休養機能、環境教育機能など多岐にわたる生態系サービスを提供する場として重要視されている。一方、東北地方太平洋沖地震で生じた大津波を通して、海岸林の重要性が見直されるようになってきたが、今後、南海トラフ地震をはじめとした第二、第三の大地震の発生により再び海岸林が壊滅的な被害を受ける可能性もあるだろう。さらに、地球温暖化による海水温の上昇と高温域の拡大から、さまざまな自然災害が多発し、日本列島が台風に見舞われる可能性はいっそう高くなるだろう。このような状況の中で、海岸林を育む菌根菌とそれを研究する我々は、変わりゆく社会のニーズに対してどのような貢献ができるのだろうか。今後、全国各地の海岸林でクロマツの生育に関わる菌根菌の生態や機能を理解し、有望な菌の接種源を探索するとともに、クロマツ林の造成・維持に役立つ菌根菌の利活用の方法を探っていく必要がある。[*13]

第4章

菌によりそうランの姿を追いかけて

辻田有紀

はじまりは菌とともに

ランといえばコチョウランのように絢爛豪華な花をイメージする人が多いだろう。しかし、ランの中にはヨウラクランのように直径一ミリ程度の小さな花をもつものや、クロヤツシロランのようにこげ茶色で落ち葉と区別できないほど地味な花をもつものまでじつに多種多様である。これらランの仲間は地球上に二万八〇〇〇種以上あると言われ、現在、陸上植物の中でもっとも繁栄している植物群の一つである。ラン科植物は、ラン菌根と呼ばれる固有の菌根共生系をもつ一風変わった植物だ。菌根菌の菌糸が細胞内でコイル状の構造をつくることで他の菌根と区別される（**図1**）。菌の種類は、不完全菌類のリゾクトニア（*Rhizoctonia*）に分類されていたケラトバシディウム科（Ceratobasidiaceae）、ツラスネラ科（Tulasnellaceae）とセバキナ・ヴェルミフェラ（*Sebacina vermifera*）を含むロウタケ目

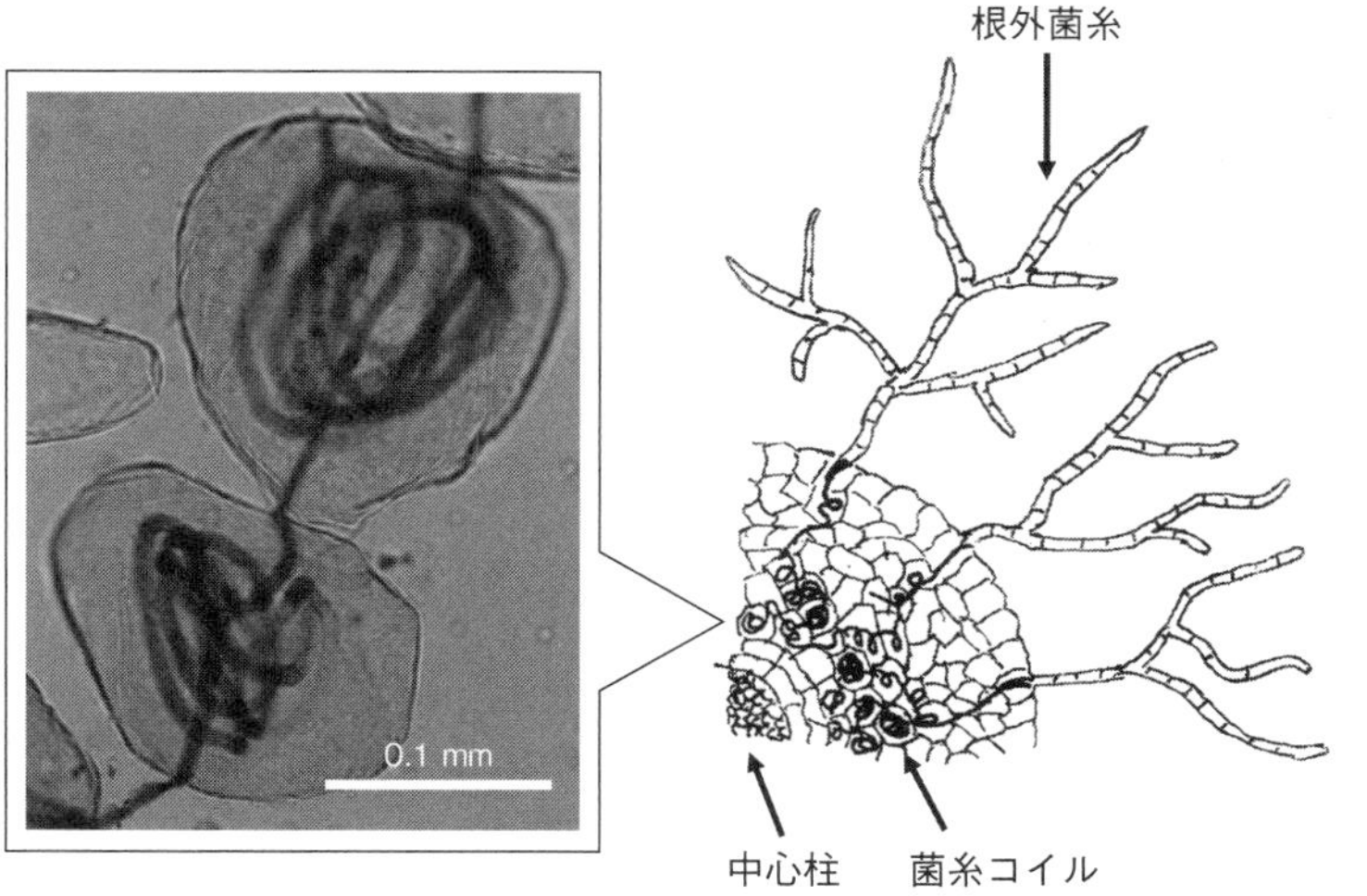

図1　ランの根の横断面（模式図）と根の細胞内にみられる菌糸コイル
菌根菌の菌糸は、根の皮層細胞内でコイル状の菌糸構造をつくる

(Sebacinales) の一部の系統が主である。[*1]

ラン科のもう一つの特徴は、進化の過程で菌根菌との共生なしでは存続できない特別な〝仕掛け〟を発達させてしまったことである。その〝仕掛け〟は種子にある。ランの種子は長さ一ミリほどでとても小さく、吹けば飛ぶようなこれらの種子は、英語で「ダストシード」(ほこりのような種子) と呼ばれる (**図2**)。構造はとてもシンプルで、胚と種皮からなる。小さい種子は風に乗ってどこまでも遠くへ飛ぶことができ、また、一度に大量の種子を生産し、花咲か爺さんのように種子をあたり一面にばらまくことができる。あのチャールズ・ダーウィンも、ランの種子の多さには驚愕したようで、もし一個体が生産する正常な種子がすべて発芽していれば、ひ孫の世代でこのランが地球上を埋めつくすことになるだ

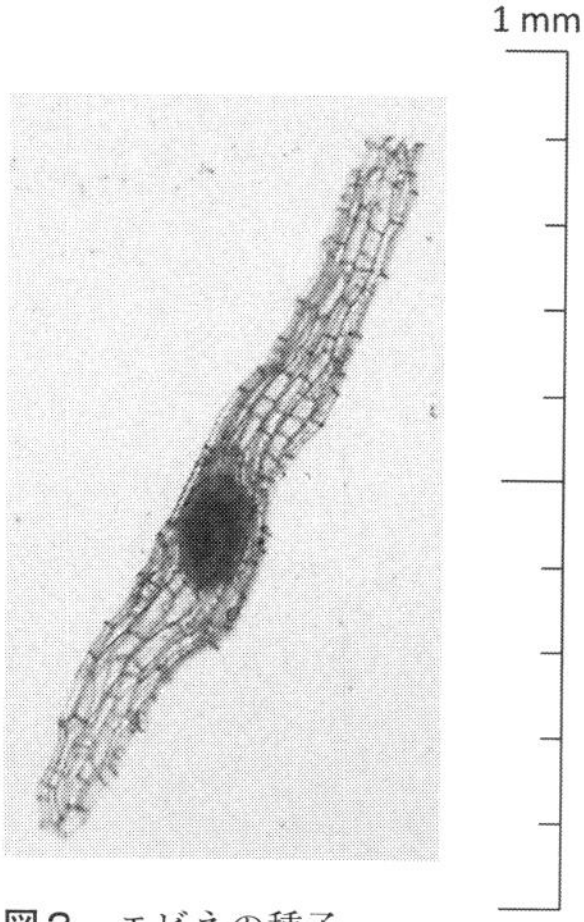

図2　エビネの種子
ランの種子は胚と種皮からなるシンプルな構造で、長さ1 mmほどしかない

ろうと見積もったほどである。

　その一方で、大きな欠点ができてしまった。自力で発芽するための栄養分を蓄えていないのだ。風に乗って飛んできた種子は、たまたま着地した地点で偶然、菌根菌に出会う必要がある。そしてその菌と共生関係を結び、栄養をもらわなければ発芽できないのである。このことを共生発芽という。せっかく菌にめぐり会えても、湿度や温度など周辺の環境が発芽に適切でなければ成長できず、また途中でミミズなどの動物に食べられてしまうこともあるので、ランの種子の発芽は奇跡に近い。

　このようにランの種子は菌根菌から栄養をもらわなければ自力で発芽することができず、まさに人生のはじまりは菌とともにあると言えるだろう。

ネジバナの菌根菌をみてみよう

　ラン菌根は、特殊な観察技術や道具を必要とせず、もっとも手軽に観察できる菌根の一つである。はじめに、日本に自生する野生ランの中でももっとも身近なネジバナの菌根観察法を紹介する。ネジバナは、初夏に小さなピンク色の花を咲かせ、花穂がねじれることからその名前がついた。公園の芝生などの明るく開けた場所で、ごく普通にみられる。花が咲く時期に株の場所を見つけておけば、真夏に地上部が消失している期間をのぞいて、冬でも葉をたよりに株を見つけることができる。菌糸には色がついているので、第1章で紹介したアーバスキュラー菌根のように菌糸を染色しなくても、比較的低倍率の光学顕微鏡があれば観察が可能である。

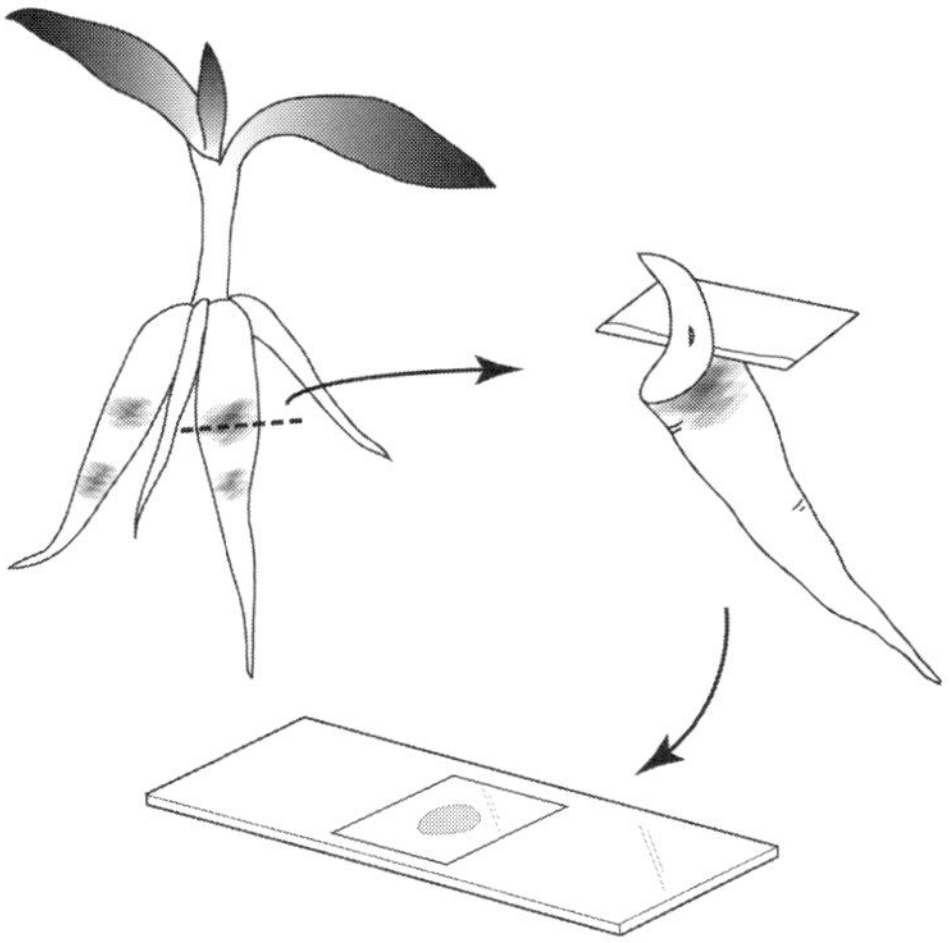

図3　ネジバナの菌根菌の観察法
根の黄色味を帯びた部分を薄くスライスし、スライドガラス上にのせて光学顕微鏡で観察すると、菌根菌が観察できる

株を見つけたら根を掘ってみよう。ネジバナの根は白くてひときわ太いので、周囲の植物の根とは容易に識別できる。まだ伸びてきたばかりの真っ白く短い根には、菌根菌がみられないことが多いので、適度に伸長した根を数本持ち帰る。移動に時間がかかるときや、観察まで数日保存しておきたいときは、チャックつきのビニール袋に周辺の土ごと根を入れて保存しておこう。観察前に古い歯ブラシなどを使って根の土をきれいに洗い流し、根を白い紙の上に置いてみると、黄色に着色した箇所がいくつかみえる場合がある。これが

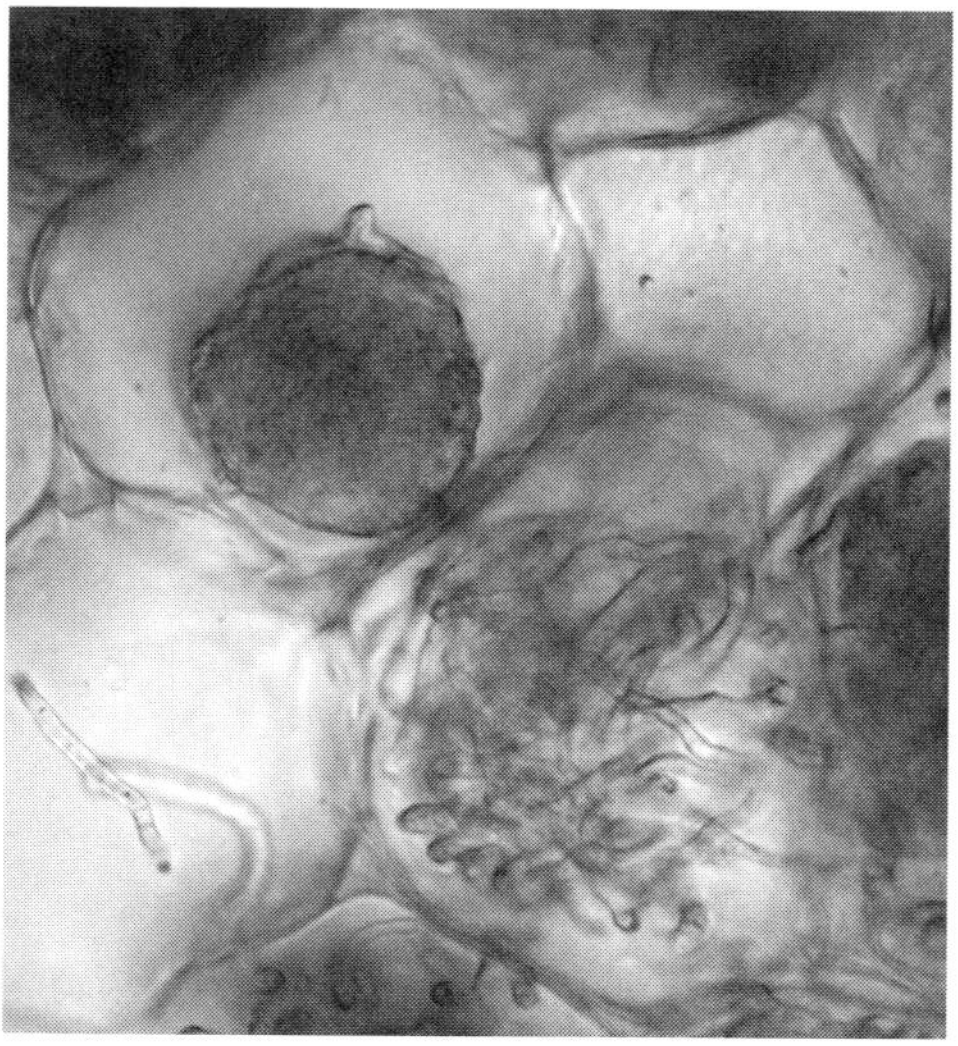

図4　ネジバナの根にみられる菌糸コイル（左上が塊状、右下が糸状の菌糸コイル）
細胞内の菌糸コイルは、はじめ糸状の菌糸構造をしているが、やがて細胞内で菌糸が消化されて塊状になる

菌根菌が感染している目印だ。菌根菌の菌糸コイルは黄色〜褐色であるため、菌糸が細胞に感染している部位が、肉眼でもわかるほど黄色味を帯びてみえる（ただし、菌糸が侵入して間もない部位は肉眼では識別が難しいことがある）。このような黄色い着色箇所を見つけたら、その部分で根を輪切りにし、切り口の部分をカミソリで薄くスライスしよう（**図3**）。スライドガラス上に水を一滴たらし、この中にスライス片をのせ、カバーガラスをかけて光学顕微鏡で観察してみよう。スライス片に白い粉のようなでんぷん粒が多く含まれている場合は、スライス片を水によくさらしてから観察するとよい。

　細胞の中に黄色いものがつまっている様子がみえただろうか。多くの場合、菌糸コイルはすでに細胞内で菌糸が消化されて、糸状ではなく団子のような塊状になってしまっているが、運がよければまだ侵入して間もない部分（着色箇所の境界近くに多い）に、糸状の菌糸構造をとどめた菌糸コイルを観察することができる（図4・口絵5上）。ネジバナは、ツラスネラ科やケラトバシディウム科に属する菌類と共生していることが知られており、これらの菌類は単独で培養が可能であることから、菌糸コイルを培地へ移植すれば菌根菌を人工的に培養することができる[*2*3]（単離培養と呼ぶ）。

この方法でほとんどのラン菌根を観察することができる。比較的簡単な方法で観察できるため、中高生の生物の実験などに最適だ。ぜひ多くの人に実物を観察してもらい、一人でも多くの人に菌根共生に興味をもっていただけたら嬉しい。

世にも奇妙なマヤランの虜に

話は一変して、私の研究人生もまた菌とともに始まった。九州大学農学部の園芸学研究室に在籍していた私は、卒業論文から博士号を取得するまでずっとランの組織培養を通して生理学的な研究を行っており、いつもフラスコの中でランをみていた。学位を取得後、まだ職につけていなかった私は、研究室に残って博士論文の続きの実験を進めたり、残りのデータで投稿論文をまとめたりと、日々忙しく過ごしていた。このころ、九州大学はキャンパスを移転することになり、移転先の造成工事が始まろうとしていたが、移転先に生息する生物を保全する活動に参加する機会を得た。移転先は自然の残るよい里山で、絶滅危惧種も多く生息していたので、これらを造成区域から保護区域へ引っ越しさせる作業などを手伝っていた。池のメダカをつかまえて、保護区のため池へ移したり、移転先の植生調査を行ったりしていたのであるが、ある時この移転先に、マヤランという絶滅危惧種のランが自生しているという話を聞いた（**図5**）。ランの仲間とは聞き捨てならぬと、結実したマヤランの種子を預かり、フラスコの中で人工的に育てる役を引き受けることにした。私は日本に自生するシュンラン属（*Cymbidium*、いわゆるシンビジウムの仲間）のカンランやスルガランを研究して博士号を取ったのであるが、じつはマヤランはこれらと同じシュンラン属で、実物をみたことはないが、一応名前と簡単な特徴くらいは心得ていた。いわゆる菌従属栄養植物で、葉がなく、夏になると突然地面から花が出現する奇妙奇天烈なランである。光合成でなく菌根菌の栄養だけで暮らしているなんて！　一体こいつらどうなっているんだろう？　どんな菌と共生しているの？と疑問はつきず、私はランの菌根共生の虜になってしまい、いつし

図5　マヤラン
シンビジウムの仲間で、菌根菌からの養分に依存した暮らしをする菌従属栄養植物。葉をもたないため、開花期に花茎のみが地上に出現する

かこれをテーマに研究してみたいと思うようになった。そして、これが現在まで続く研究人生のスタート地点となったのである。

一体このマヤランはどんな菌と共生しているのだろう？　限りなく造成地区に近い場所に生えてきた新キャンパスのマヤランを救うためにも、この問題を解決する必要があった。早速文献を調べて、菌糸コイルを見つけるところまでは容易にたどり着いたものの、細胞内にある菌糸コイルを顕微鏡でみても、毛玉のようにぐるぐると玉になった菌糸がみえるだけで、何の菌だかさっぱりわからない。従来の研究手法では、菌糸コイルを単離培養し、コロニーの形状などで菌の種類を特定してきた。この方法で、わが国の菌学研究者の一人・草野俊助がオニノヤガラとナラタケの共生を解明するなど、日本人も先駆的な役割を果たしてきた。そこで私もマヤランの菌を調べるため、まずは学内に生えていたネジバナで練習がてら、当時のラン菌根の教科書とも言えるラスムッセン[*4]の情報を頼りに菌の単離培養に取り組んだ。

菌糸コイルのある根の一部を切り取り、実体顕微鏡の下で表面についている汚れを筆で洗い、茶色く変色した部分をメスで除去して（植物病原菌が出るのを防ぐため）、きれいに掃除する（表皮を剝ぎ取ることができればそのほうがよい）。滅菌水でよく洗った根の組織を、針を使って滅菌水の中でつつくと、根の細胞の中から菌糸コイルが水中に飛び出してくる。これをマイクロピペットで吸い取って培地の上に点々と小さな水滴を落としていく。水滴をしっかり乾かし、二〜三日培養すると、コイルから新たな菌糸が伸びてきた。植物の組織片も一緒に培地に落としてしまうと、組織片から何やら成長速度の非常に早い別の種類の菌が生えてきたので、なるべく組織片を入れないように工夫した。何度か練習して、菌糸コイルから伸びてきた菌糸の先端を培地ごと切り取り、新しい培地に移すところまでできるようになった。

「さあ本番！」と、知人のつてを頼りにマヤランの菌根を入手し、早速単離培養を試みたものの、顕微鏡でみる培地上の菌糸コイルは待てど暮らせど伸びる気配はない。何度か挑戦したがすべて失敗に終わり、従来の研究手法ではここまでが限界であった。菌糸コイルがうまく培地上で育てばよいが、人工培養が難しい菌の場合はもはや調べようがない。しかし、私がマヤランに出会った二〇〇三年ごろには、DNAの塩基配列情報を使って菌の種類を特定できる画期的な手法が開発されており、この方法を使って世界中の研究者たちが競って論文を発表していた。特に、菌従属栄養のランでは従来の手法で菌が特定できなかった種類がほとんどで、DNAの技術が革命を起こし、北米に自生するサンゴネラン属(*Corallorhiza*)やヨーロッパのサカネランが外生菌根菌の仲間と共生していることが次々と明らかになっていった。外生菌根菌はそもそも樹木と共生している菌根菌であり、単独で培養することが難しいことから、これらの共生関係は従来の手法では解明できなかったのである。

DNAで正体を暴け

さて、菌の単離培養で行きづまった私は、もはやDNAで調べるしかないと強く思うようになっていた。生物系の研究を見わたしてもDNAの技術はどの分野にも普及していて、避けて通れない時代になっていたことから、分子生物学を一から勉強しはじめた。博士論文までの研究ではDNAの分析などまったく縁がなかったため、PCR法にサンガー法などいろいろな分析技術を基礎から学んだ。ランの菌根菌をDNAで調べるには、まず菌糸コイルが含まれた根の組織からDNAを抽出する必要がある。しかし、抽出されたDNAには菌のDNAばかりでなく植物のDNAもまざってしまっている。そこで、菌のDNAにのみくっつくように設計されたプライマーという目印（特異的プライマー）を使ってPCR法を行うと、菌のDNAの一部を大量にコピーすることができる。このようにして得られた大量のDNA断片について、蛍光物質を用いるサンガー法という方法で塩基配列を決定し、この配列情報を検索サイトで検索するとどの種類の菌の配列であるか情報を教えてもらえる。この方法は分子同定法と呼ばれ、どんぴしゃり、菌の種名まで言いあてることは難しいが、この菌がどの属あるいは科に属するかくらいまでは特定が可能である。

独学に限界を感じ、もっと本格的にDNA分析を勉強したいと思って、知り合いの研究者から紹介してもらったイネの研究に一年間従事した。またランの研究にもどりたいと考えていた私は、この間にランの系統分類学的研究で著名な国立科学博物館筑波実験植物園の遊川知久の部屋を訪れ、その後四年間ほどこの研究室で博士研究員（いわゆるポスドク）としてランの菌根菌の研究に携わることになる。じつはすでに遊川らはマヤランの菌根菌調査にいち早く着手しており、幸運にもここでまたマヤランと再会した私は、ようやくDNAの塩基配列情報からマヤランの菌根菌が外生菌根菌のロウタケ科であることを突き止めた。[*5][*6] 先に述べたように、外生菌根菌は単離培養が困難で、従来の手法では見つけることが難しい。どおりでいくら培養しても菌糸コイルが伸びなかったわけである。

マヤランが共生しているロウタケの仲間は、木の上で暮らす着生ランから地上で暮らす地生ランまでさまざまなランから見つかるが、系統関係が複雑なので、ここで少し解説しておこう。ロウタケの仲間は、ベニタケ科のように地上にめだつキノコをつくる種類が少なく、菌の多様性評価が進んでいなかった分類群であった。しかし、DNA解析が普及してからさまざまな植物の菌根菌や内生菌※として新たな系統が次々と見つかり、非常に多様な系統を含むことが明らかになってきた。ロウタケ科という一つの科に収まりきらなくなってきたので、これらをまとめてロウタケ目として新たに目が設立された。ロウタケ目は大きく二つの系統に分かれる。一つは通称グループAと呼ばれ、樹木と共生する外生菌根菌のグループである。もう一つはグループBと呼ばれ、セバキナ・ヴェルミフェラなどのラン菌根菌、ツツジの菌根菌やエンドファイトと呼ばれる植物の体内に生息する害のない菌類を含む。最近では、前者をロウタケ科（Sebacinaceae）、後者をセレンディピタ科（Serendipitaceae）として別の科に分けることが多い。

※——植物の地上部の組織内部に生息する非病原性の菌類。

マヤランの種まき大作戦

ほこりのように小さなランの種子は、風で飛ばされた後、どのように発芽しているのだろうか？　たとえばドングリなら簡単に追跡できるだろう。しかし、長さ一ミリ程度しかないランの種子は、野外で追跡するにはあまりに小さく、ほとんどのランでは発芽生態がよくわかっていない。現在、ランの多くは絶滅が危惧されており、急激に個体数が減少している。個体数を増やすために自生地でやみくもに種子をまいても、発芽生態がわかっていなければ発芽に成功しない。発芽に適した環境は？　発芽に必要な日数は？　発芽した実生はどのような形をしているのか？　また、前述したように、ランの種子は菌根菌から栄養分をもらわなければ発芽できないという厄介な特性がある。一体、どのような菌が発芽に関わっているのだろうか？　これらの疑問を解決するため、野外播種試験法という手法が開発されている。方法はいたってシンプルで、五センチメートル四方ほどの大きさのナイロンメッシュの袋に種子をつめ、自生地に埋めて一〜二年後に掘り出して袋の中の発芽状況を観察するというものだ。[*7]種子袋をいろいろな場所に埋めることで、発芽に適した環境を把握できるうえ、定期的に回収して発芽状況をモニタリングすることで、発芽に必要な期間や実生の発達過程も明らかにできる。また、発芽が起こった場所は適合する菌根菌がいる場所でもあるため、自生地に広く埋設して発芽した場所をプロットしていけば、菌根菌の分布図を書くことができる。さらに、得られた実生を使って、共生菌の種類も特定できることから、野外播種試験法は、微細種子をもつ植物の発芽生態を調べる便利なツールとして世界的に用いられている研究手法である。

一般的に、ランの種子は次のような発達過程をたどると考えられている。胚が肥大して種皮を破って出てきた後、さらに肥大を続けると、表面に小さな毛（仮根と呼ばれる）が発達する。このような状態

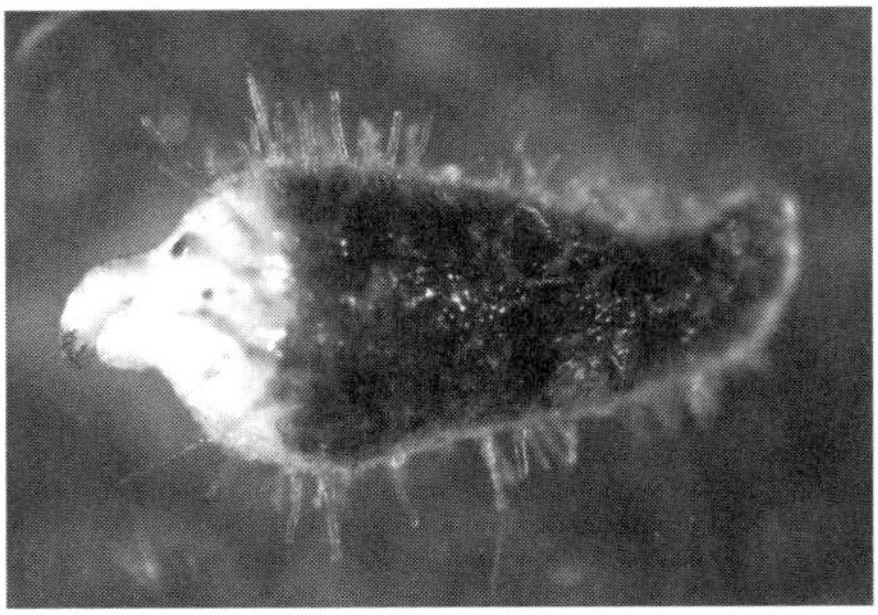

図6　クゲヌマランのプロトコーム
ランの種子は発芽後、胚が肥大してプロトコームと呼ばれる塊状の組織となる

の実生は、特にプロトコームと呼ばれている（図6・口絵5左下）。その後、成長点から小さな葉が分化し、さらに成長するにつれて葉の枚数が増えて、根も発達する。[*4] しかし、発達の仕方はランの種類によってさまざまで、葉が出る前に地下茎が発達するものもあれば、マヤランのようにそもそも葉がないランもある。人工的に栄養を与えて発芽させることができるランでは、発達過程をフラスコの中でじっくり観察できるが、培養が難しいランも多く存在するため、このような種類では、なんとか野外で発芽を観察するほかない。

　発芽時の菌共生パターンも種によってさまざまで、幼若期と成熟期では共生の仕方が異なるランもある。たとえば、オニノヤガラでは、発芽時はクヌギタケ属の菌と共生しているが、その後大きくなるとナラタケに菌根菌をのりかえることが知られている。また、ヨーロッパに自生しているクゲヌマランは、さまざまな菌が発芽を誘導するものの、さらに生育が進んだ実生はイボタケ科の菌とのみ共生するようになり、成熟後はまた複数種類の菌と共生するようになる。ランの菌根共生を把握するのは一筋縄ではいかず、発芽から成熟まで成長段階ごとに菌を調べる必要がある。

　マヤランは前述したように、葉がなくて光合成をせず、菌根菌からの栄養に頼りきっている菌従属栄養植物である。絶滅危惧種であるが、工事現場で見つかった株を近くの山に移植しても、その場所で菌根菌と出会い、新たな共生系を構築しなければ命をつなぐことができない。人工的に栽培して株を増やすことも難しい植物だ。なんとか発芽生態を解明しようと、私たちはマヤランの種まき大作戦を開始した。マヤランの種子はちょうど年末ごろに完熟する。ナイロンメッシュの袋を大晦日や元日にテレビをみながらこたつで何百も手づくりし、正月休み明けに自生地へ赴いて寒風の中、袋を固い地面に埋めこむ作業が私にとって恒例の年越しイベントとなった。

もうそろそろ……?と思って、約半年後に一部を掘り上げて袋の中を観察したが、残念ながらまったく発芽はみられなかった。ようやく一年半後の回収で、袋の中に白い粒状のものを見つけることができた。これは！と思って実体顕微鏡でみてみると、やはり発芽したマヤランの実生であった。発芽したばかりのプロトコームは、細胞の一つひとつがキラキラと輝いていて、まるで宝石のようにきれいである。袋の中には、小さいものから大きいものまでいろいろなサイズの実生があり、これらを小さい順に並べるとマヤランが種子からどうやって大きくなっていくのか、その生育過程が一目でわかるようになる。種子袋をいろいろな深さに埋めておいたのだが、一五〜二〇センチメートルの深さがもっとも良好に発芽することもわかった[*7]。

野外播種の実験は、待ち時間が長いけれども特殊な機材を必要とせず、比較的安価に実施できることから、ランの発芽を観察するのに非常によいツールである。ネジバナなど身近なランで試してみるとおもしろい。

ランの始まりを求めて屋久島へ

ランは他の陸上植物が営む菌根共生とは異なる〝ラン菌根〟という固有の共生系をもっている。では、このラン菌根共生は一体どうやって進化してきたのだろうか？　ラン科は、被子植物のクサスギカズラ目（Asparagales）に属するが、クサスギカズラ目のほとんどはアーバスキュラー菌根をもつ植物であり、ラン菌根をもつのは今のところラン科だけである。ということは、過去にアーバスキュラー菌根をもつ植物の中からラン菌根をもつ系統が進化してきたと予想できる。ではラン菌根共生の歴史はどの植物から始まったのだろうか。筑波実験植物園にいたときに、このラン菌根の歴史をさかのぼるプロジェクトに関わらせていただく機会を得た。

ラン科の中でもっとも古くに現れた系統はヤクシマラン亜科と呼ばれるグループである（図7）。通常、ランの花は唇弁《しんべん》と呼ばれる花弁が一枚特殊な形をしているが、ヤクシマラン亜科の花被片《かひへん》はすべて同じ形をしていて、一見ユリ科の花のようだ。その他さまざまな特徴が特異であることから、ヤクシマラン亜科をラン科に含めず、ヤクシマラン科としていた時代もあったほどだが、現在はＤＮＡ情報からラン科に含めるのが妥当と判断されている。ラン科の中でヤクシマラン亜科の次に古く現れた系統は、バニラアイスに入っているあのバニラが含まれるバニラ亜科であり、この仲間については典型的なラン菌根をもつことがわかっていた。クサスギカズラ目では、ラン科以外のグループはほぼアーバスキュラー菌

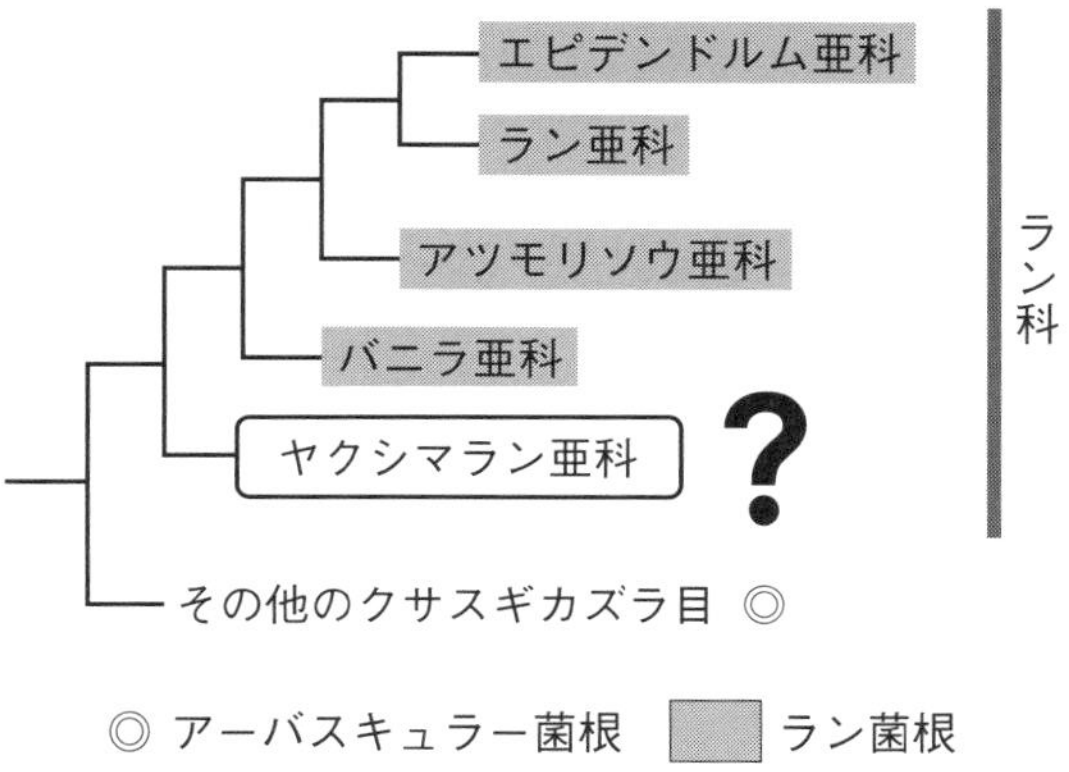

図7　ラン科の系統と菌根共生
ラン科のほとんどの系統はラン菌根をもつが、もっとも古くに現れた系統であるヤクシマラン亜科の菌根共生はよくわかっていなかった

根共生を営んでいる。もしヤクシマラン亜科がアーバスキュラー菌根共生を営んでいれば、ラン菌根の歴史はバニラ亜科からスタートし、ラン科が成立した後しばらくして生じた共生系であることがわかる。一方、ヤクシマラン亜科がラン菌根共生を営んでいれば、ラン科が成立した時点でラン菌根共生が始まった可能性が高い。

では、鍵を握っているヤクシマラン亜科の菌根共生はどうなっているのだろうか？　ヤクシマラン亜科はヤクシマラン属（*Apostasia*）とノイウィーディア属（*Neuwiedia*）の二属からなり、この属の数種についてラン菌根共生の証拠となる菌糸コイルの形成が報告されていた。また、ノイウィーディア属の一種より分子同定で典型的なラン菌根菌であるツラスネラ科やケラトバシディウム科が検出されたという報告があったが、ヤクシマラン属の菌根菌が何であるかはわかっておらず、依然ヤクシマラン亜科

図8　ヤクシマラン
黄色く小さな花を咲かせる。他のラン科でみられる唇弁という特殊化した花弁をもたず、ユリの花のようにみえる。草丈は10cmほど

の菌根共生については情報が断片的であった。

幸運にもヤクシマラン属は日本にも一種分布しており、ラン科でもっとも古くに現れた系統の菌根共生を調べるため、ヤクシマランの菌根菌を解明することになった。ヤクシマランは九州南部と種子島・屋久島に分布しており（**図8**）、関係機関の許可を得て、私はヤクシマラン調査のためこれらの自生地へ行く機会を得ることができた。もちろん屋久島の原生林を歩き、手つかずの自然と出会えるのはこのうえなく楽しく、また生物多様性を勉強するにはもってこいの教材であった。マヤランなどの研究を通して、山でランを見つけるのはずいぶん鍛えられたつもりだったが、ヤクシマランの草丈は一〇センチメートルほどで、葉も小さくてランらしくないため、山で遭遇しても気づかずにうっかり通り過ぎてしまう。屋久島では現地の人の案内で、この辺りでみましたよと指をさされた場所を這いつくばるように目を凝らし、ようやく個体を見つけることができた。目が慣れてくると、「ここにも！　あ、ここにもあった！」と、次々と

見つかり、二〇個体ほどの群落をいくつか見つけることができた。屋久島のとある調査地へ向かう登山道の途中に川があり、雨が降って川が増水すると渡れなくなってしまう。「屋久島は月のうち、三十五日は雨」（林芙美子の『浮雲』より）という有名なフレーズがあるほど、屋久島は雨が多い場所である。もし行きに川を渡れたとしても、帰りに大雨にあうと川がたちまち増水し、帰れなくなってしまうのだ。この調査地に行くときは、入念に天気予報で雨雲の動きをチェックし、薄暗い山道を一時間ほど駆け抜けて目的地まで行き、現場で一～二時間調査をした後、また急いで山を駆け下りて、川を渡ってようやくホッと一息ついたものである。幸いにも帰れなくなったことはなかったが、山での現地調査は自分の不注意が命に関わることを重々肝に銘じるよい機会となった。

運命の分かれ道

ヤクシマランの根を掘ると、細くて硬い根に白くてぷくりとふくれた〝イモ〟のようなものがぶら下がっているのを見つけた。この白いイモ状のものを実験室に持ち帰って組織の中を観察すると、立派な菌糸が細胞内でぐるぐるとコイル状になっている見慣れた画像がみえた。ヤクシマランも典型的なラン菌根をつくっていたのである。その後も各地を訪れてはサンプルを集めたが、やはりこの〝イモ〟の部分が菌根になっているようで、常に菌糸コイルが観察できた。形態では典型的なラン菌根であると判断し、次は菌の種類を特定するためにＤＮＡ解析を始めた。

コツコツと集めたヤクシマランのサンプルは、宮崎県・種子島・屋久島から合計で七集団一一個体二六サンプルになっていた。これらのサンプルを分析したところ、ケラトバシディウム科の一種を検出した。不思議なことに、どのサンプルからもまったく同じケラトバシディウムの配列が出てくる。分析過程で異物混入（いわゆるコンタミネーション）が起こった可能性も考えて、ネガティブコントロールを入れて分析するようにした。ネガティブコントロールとは、たとえばDNA分析を行うときに、反応液にランから抽出したDNAを入れずに分析することである。もし調合した反応液が何か別の菌に汚染されていれば、この汚染源の菌が検出されることになる。しかし、特に分析過程で問題はなく、どうやらヤクシマランは菌の選り好みが激しいようで、ケラトバシディウム科の特定の種類としか共生しないようであった。ケラトバシディウムの仲間は、さまざまなランから菌根菌として見つかっている典型的なラン菌根菌である。これで形態からもDNAからもヤクシマランがラン菌根共生を行っていることが証明できた。海外の協力者と一緒に日本以外のヤクシマラン属についても菌を調査し、同じくケラトバシディウム科と、ボトリオバシディウム（*Botryobasidium*）という菌を検出した。後者の菌は典型的なラン菌根菌ではないがケラトバシディウム科にとても近縁な系統であり、総じてヤクシマラン属がラン菌根共生を行っていることを証明することができた。[*8]

ヤクシマラン亜科のもう一つの属であるノイウィーディア属では、すでにラン菌根菌が検出されており、これでヤクシマラン亜科がラン菌根をもつことが実証されたことになる。つまり、ラン菌根のスタート地点はヤクシマラン亜科である、言い換えれば、ラン科が成立した時点で、アーバスキュラー菌根からラン菌根へ菌根共生が変化したというわけだ。アーバスキュラー菌根菌はグロムス菌亜門に属するが、ラン菌根菌はほとんどが担子菌門に属する。ラン科は共生する菌の種類を大きく変化させたのである。典型的なラン菌根菌は、世界中どこにでもいる腐生菌である。アーバスキュラー菌根菌は土壌中に生息しているが、植物の死骸を分解して暮らす腐生菌は土壌中にはもちろん木の上にだって生息している。じつはラン科の七割は木の上で暮らす着生植物であり、共生する菌の種類を腐生菌へ大きく変化させたことが着生植物として成功できた一因と考えられるだろう。

先に出てきたマヤランは、進化の過程で典型的なラン菌根菌から外生菌根菌へ大きく菌根菌の種類を変化させていた。筑波実験植物園に在籍していた間に、イモネヤガラやアキザキヤツシロランなどの菌従属栄養ランの菌根菌を調べたが、やはり典型的なラン菌根菌とは縁を切り、木材腐朽菌など別のグループの菌へと共生するパートナーを変化させていることがわかった。[*9][*10] 菌根菌パートナーが変わると、植物の運命も大きく変わるのだ。筑波実験植物園を離れた私は、引き続きランの菌根菌の研究を続け、現在に至っている。まさか大学で教鞭を執ろうとは思ってもいなかったのだが、ランの菌根菌との出会いで、私の運命も大きく変わったのであった。

世界最大！　キノコを食べるラン

ようやく定職に就いた私は、どっしりと腰をすえて一つのテーマに向き合ってみようと考えた。非常勤の博士研究員のころは、常に任期がつきまとい、三年前後で次のポストに異動することになる。一つの在職期間中に研究をまとめて論文を書かなくてはならないため、自ずとテーマは数年で完結する短期的なものになってしまう。時間に縛られず、ほんとうにおもしろい研究がしたいと思うのは自然なことだった。そこで私が目をつけたのは、世界最大の菌従属栄養植物タカツルラン（口絵6）だ。ランの仲間では、種子が香料の原料となるバニラの近縁で、ツルで木に登るずいぶん変わったランである。菌従属栄養植物の草丈は、ホンゴウソウの仲間が大きくて一〇センチメートル、ムヨウランの仲間が三〇センチメートルくらい、大きなオニノヤガラでも一メートルほどだが、タカツルランのツルは時に一〇メートル近くになる。人の身長を超えるこのツルに葉は生えず、ツルと根だけで生きている。光合成をせず、共生菌からの栄養でここまで大きくなるのだから驚きだ。どんな菌と共生しているんだろう？大きいから長生きするんだろうか？など興味がつきない植物だ。

タカツルランの菌根菌を調べていくと、なぜか毎回違う菌が検出されてくる。ヤクシマランのときはどの個体を調べても同じ菌しか見つからなかったのに、今度はその逆である。今まで調べたランでは、菌根菌を調べると概ね属や科のレベルで同じグループの菌が幾度も見つかることが多かった。いつもと違う手ごたえとワクワクを感じながらさらに個体数を増やして調査を進めると、ようやく傾向がみえてきた。見つかる菌はほとんどが木材を分解するキノコの仲間であった。じつはタカツルランの研究には先駆者がいた。鹿児島大学にいた馬田英隆は、木材腐朽菌を中心としたさまざまなキノコとタカツルランの種子をフラスコの中で培養すると、多くのキノコが種子の発芽を促すことを突き止めていた。私のフィールドでの調査は、これを裏づける結果となった。タカツルランから見つかる菌は、今まで植物の菌根菌としては見つかったことのないものばかりであった。木材腐朽菌とは、植物を強力に分解する菌である。そんな菌の菌糸を根の細胞内に取りこんだら、タカツルラン自身が分解されてしまわないのだろうか？　猛獣使いさながらの共生ぶりに感服するばかりである。全部で二六個体のタカツルランから一五〇本の根片を調べた結果、見つかった菌根菌の種類はじつに三七種類にも及んだ。[*11] 共生する菌は個体ごとに違うのか？と思ったが、一つの個体が同時に複数の菌と共生しうることもわかった。タカツルランは木によじ登り、そこで出会ったいろいろなキノコから栄養をもらって暮らしていたのである。まさにキノコを食べる植物と言える。このようにさまざまな木材腐朽菌と菌根共生できる植物は今のところタカツルランしか知られていない。

どんな菌と共生しているかがわかったところで、次なる疑問がわいてきた。それはタカツルランの寿命である。タカツルランは、枯れた木材に張りつくように生育していることが多い。この材を分解しているキノコが栄養源となっていることは明白だった。でも材の分解はやがて終わる。タカツルランが好む温暖な気候では、材の分解速度も速く、堅い木材も数年でやわらかくなってしまう。材が分解されてしまえば、栄養源のキノコもいなくなり、そこでタカツルランの寿命はつきてしまうのだ。

つまりこういう仮説が成り立つはずだ。タカツルランは、木材腐朽菌が活発に材を分解している木に張りついて生活をスタートし、材が分解されてしまえばそこで寿命がつきる。そこで、材が分解される前に花を咲かせ、種子を辺りにまき散らし、新たな枯れ木の上で次の世代を育む。こう考えると、なんだか生き急いでいて寿命はそう長くなさそうである。タカツルランが命をつなぐためには、次から次へと枯れ木を渡り歩くような暮らしをする必要があるのだ。

この仮説を確かめるため、年に一回沖縄の森でタカツルランのモニタリング調査を行っている。寿命は数年か、五年、一〇年のスパンかもしれないが、長い目でタカツルランを見守り、謎を突き止めたいと考えている。タカツルランは、国内では琉球列島に自生しており、調査の過程でじつにたくさんの人と出会い、研究を助けてもらった。タカツルランは多様なキノコに支えられて命をつないでいるが、私の研究もまた出会った多くの人々に支えられている。

第5章

菌根共生の原点
——コケ植物とシダ植物の菌根共生

辻田有紀

陸上植物の中でも初期に分岐したコケ植物とシダ植物は、原始的な菌根共生をとどめていると考えられ、菌根共生の歴史を紐解くうえで非常に興味深い研究材料である。はるか四億三〇〇〇万年以上も昔、それまで水中で暮らしていた植物が陸上に進出したと言われている。このころの陸上植物は、まだ根も発達しておらず、養分や水分の吸収に菌根共生が重要な役割を果たしていたと考えられている。植物の化石にもその痕跡は残っており、デボン紀前期の前維管束植物アグラオフィトン（*Aglaophyton*）には、現在のアーバスキュラー菌根に非常によく似た樹枝状体の構造が細胞内にみられる。[*1] アーバスキュラー菌根共生は、現存するコケ・シダ植物に一般的にみられ、陸上植物全般を見わたしてももっとも普遍的にみられる共生タイプであることから、主要な菌根型の中でもっとも古くから存在する共生系であると言われてきた。

本章では、コケ植物とシダ植物の菌根共生について概説する。その前に、本章を読み進めるうえで欠

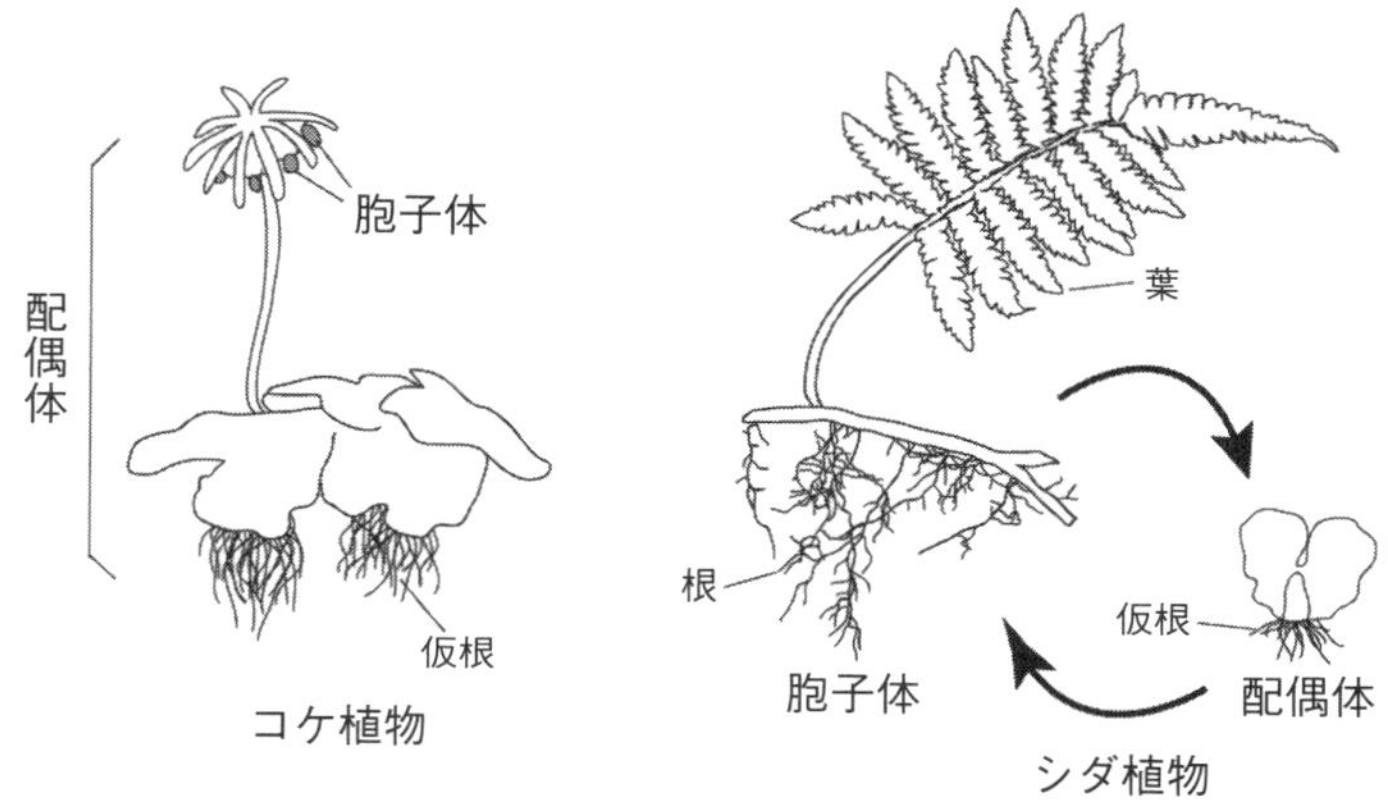

図1　コケ植物（タイ類）とシダ植物の配偶体と胞子体
配偶体が単相（n）で胞子体が複相（2n）である

かせない配偶体と胞子体について解説しておこう。

陸上植物の生活環には複相（2n）と単相（n）の二つの核相があり、減数分裂によって複相から単相へ、受精によって単相から複相へ移行する。

コケ植物の胞子が発芽して成長した配偶体は単相世代であり、受精卵が分裂・成長した胞子体は複相世代である。私たちが日ごろ目にしているコケ植物は配偶体であり、胞子体は小さく配偶体の上に寄生した状態で存在して単独では生存できない（**図1**）。一方、シダ植物は配偶体と胞子体が別々に暮らしており、日ごろ目にするのは胞子体のほうで、前葉体と呼ばれるシダ植物の配偶体はとても小さい。このことから、一般にコケ植物とシダ植物の菌根共生とは、コケでは配偶体、シダでは胞子体の菌根共生を指す。なお、これらの植物の分類体系は、近年ＤＮＡ解析によって得られた分子系統樹をもとに大きく改変され、いまだ議論の余地がある系統関係も多く残されている。

コケ植物の菌根共生

コケ植物は、タイ（苔）類、セン（蘚）類、ツノゴケ類の大きく三つのグループに分けられる。「菌根」の文字が示すように、菌根菌は植物の「根」に感染しているわけだが、コケ植物では根が発達していない。それゆえ、厳密には菌根様共生として維管束植物の菌根共生と区別される。タイ類とツノゴケ類では葉状体や仮根の組織内に菌根菌の菌糸がみられ、細胞内にコイル状の菌糸や樹枝状体の形成が観察できる。[*2][*3] 種子植物と共生する代表的なグロムス類は、タイ類ともアーバスキュラー菌根を形成し、リンが移動することも実証されていることから、[*4] コケ植物とアーバスキュラー菌根菌との関係は特殊なものではなく、ごく一般的なアーバスキュラー菌根共生に近いと認識されている。

コケ植物で菌根共生に関する報告がもっとも多いのはタイ類である。タイ類の多くはアーバスキュラー菌根共生を営んでいるが、[*5] 一風変わった菌と共生している系統もあり興味深い。スジゴケ科の菌根共生は、系統進化に照らし合わせると非常におもしろい成立起源をもつ。アーバスキュラー菌根菌と共生する一部の系統から、木や岩などの上に着生して暮らすタイ類が出現するが、この時一度菌根性を喪失する。しかし、これら非菌根性の系統の中から再び菌根共生を行うスジゴケ科が出現するのだが、菌根菌パートナーはアーバスキュラー菌根菌ではなく担子菌のツラスネラ科になった。さらにツラスネラ科と共生する系統の中から、ゴーストワート（幽霊ゴケの意）と呼ばれる菌従属栄養のアネウラ・ミラビリス（*Aneura mirabilis*、旧 *Cryptothallus mirabilis*）が出現したのである。このタイ類と共生するツラスネラ科は外生菌根性であり、樹木からツラスネラ科を経由して植物組織へ炭素源が移動することも確かめられている。ツラスネラ科以外にも、担子菌のロウタケ目に属するセレンディピタ科（ロウタケ目の系統については第4章参照）は、ヒシャクゴケ科などのタイ類と菌根を形成することが知られている。ツラスネラ科もセレンディピタ科もラン科の菌根菌として知られている系統であり、さらにセレンディピタ科はツツジ科植物とエリコイド菌根を形成する菌としても知られる。もしやタイ類とラン科やツツジ科の植物が同種の菌を共有しているのでは？と興味深い検証がエクアドルの熱帯雨林で行われたが、残念ながらこれらに共通する菌種は見つからなかった。

子嚢菌と共生するタイ類も知られている。エリコイド菌根菌として知られるリゾスカイファス・エリカエ（*Rhizoscyphus ericae*）は、ムチゴケ科、ヤバネゴケ科、コヤバネゴケ科やツキヌケゴケ科などツボミゴケ目の複数の系統と共生する。タイ類から取り出して培養した菌はツツジ科の植物と典型的なエリコイド（ツツジ型）菌根を形成し、ツツジ科の菌根から取り出して培養した菌はタイ類とも共生するという互換性があるからおもしろい。タイ類における子嚢菌の感染様式は一風変わっていて、葉状体より発達する細い毛のような仮根（**図1**参照）と呼ばれる組織の先端が肥大し、その中に菌糸コイルがみられる。

ツノゴケ類も多くが菌根共生を営んでいることが知られている。ほとんどがアーバスキュラー菌根共生であると考えられているが、タイ類に比べると菌根共生に関する報告はまだ少なく、今後さらに研究が進むことを期待したい。セン類は一般的に非菌根性であるとされているが、セン類にアーバスキュラー菌根菌が感染している報告もいくつかある。しかし、アーバスキュラー菌根菌は植物に寄生的に感染する場合があり、菌根共生の証である樹枝状体の形成を確認するまでは確証が得られないため、今後の研究が待たれる。

タイ類で見つかった新たな共生系

ごく最近になって、タイ類の中でもっとも古い系統であるコマチゴケ科とトロイブゴケ科で、これまで見逃されていた新たな菌根共生系が見つかり話題となった。[*6] この新規の共生系は、ケカビ亜門に属する菌類と植物との菌根共生である。ケカビ亜門の一部の種類は樹木と外生菌根をつくることが古くから知られていたが、タイ類で報告されたこの共生系は、菌根の形態がアーバスキュラー菌根にとてもよく似ている。風船のようにふくらんだ特徴的な菌糸膨張や（図2）[*7]、植物細胞の間隙にみられる壁の厚い菌糸構造でアーバスキュラー菌根菌と区別される。化石植物からもこのような特徴をもつ菌根が見つかっており、アーバスキュラー菌根共生と同様に非常に古くから植物に存在していた共生系ではないかと考えられている。DNA分析を行ったその後の研究で、タイ類のコマチゴケ科の一部、ゼニゴケ綱やツボミゴケ綱に属する種類や多くのツノゴケ類が、アーバスキュラー菌根共生とケカビ亜門との菌根共生を同時に行っていることが明らかになった。また、この同時共生はゼンマイやリュウビンタイなど一部の

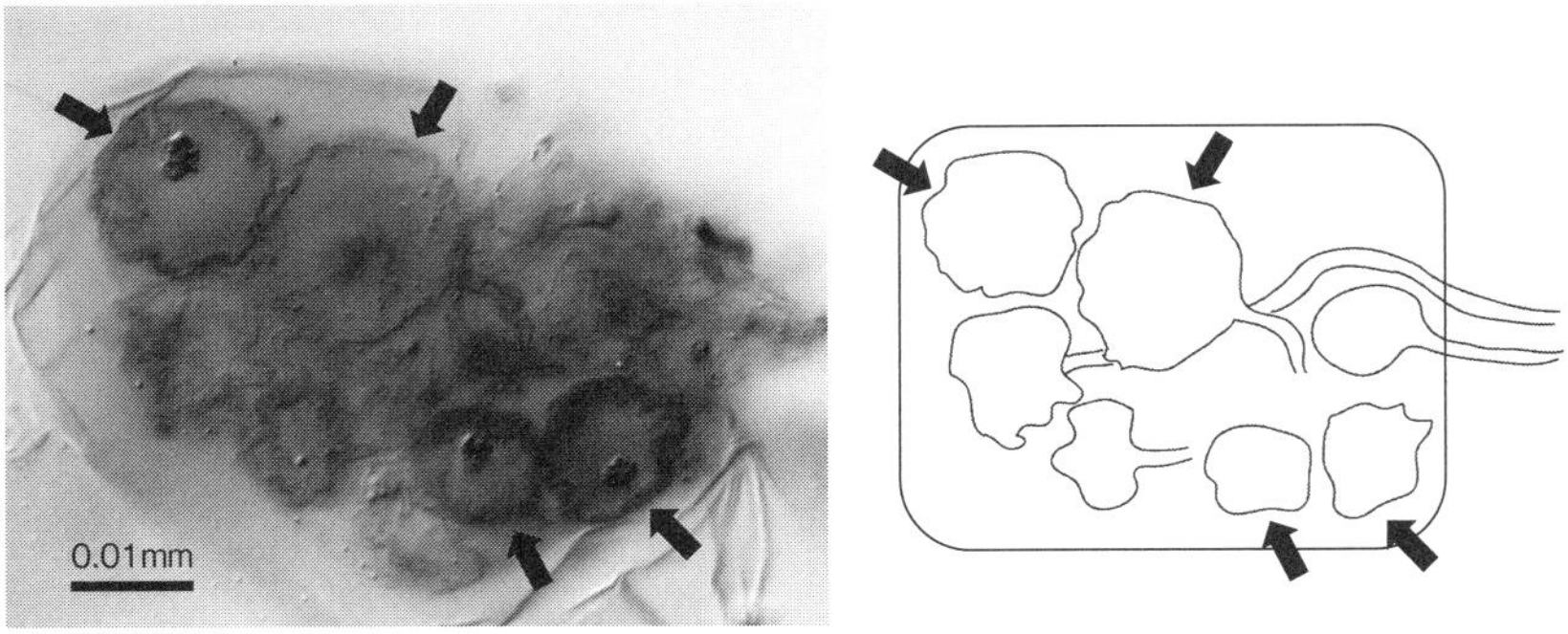

図2　コマチゴケの細胞内でみられたケカビ亜門に属する菌類の菌糸構造
菌糸の先端が風船のようにふくらむ特徴的な菌糸膨張（矢印）がみられる（提供／山本航平）

シダ植物でも報告され、じつはケカビ亜門との共生系がコケ植物とシダ植物に広くみられる共生系である可能性が指摘されている。[*8] 現在も進展めざましい研究分野であり、菌根共生を行うケカビ亜門の新規系統群が次々と見つかっている。また、これまでさまざまな陸上植物で報告のあるファインエンドファイトと呼ばれていたグロムス菌類のグロムス・テヌエ（*Glomus tenue*）が、じつはケカビ亜門に属する菌類であったことが判明するなど、今後も多くの発見が期待される。

シダ植物の胞子体における菌根共生

シダ植物は、n世代の配偶体と2n世代の胞子体が別々に暮らす、他の陸上植物ではみられない特徴をもっている。自ずと菌根共生も世代別に分けて考えなければならない。現在あるシダ植物の菌根菌に関する知見は、ほとんどが胞子体を調査したものである。胞子体は根が発達し、アーバスキュラー菌根共生を営んでいる。シダ植物の系統は、ヒカゲノカズラを含む小葉類とそれ以外のシダを含むシダ類の大きく二つのグループに分けられ、これらはまったく異なる系統群である。また、シダ類は、胞子がこぼれ落ちて散布されるトクサ、ハナヤスリ、リュウビンタイの仲間と、勢いよく放出される仕組みを備えた薄囊《はくのう》シダ類に分かれる。シダ植物のさまざまな系統について菌根性を調査した古典的な研究から、シダの系統によって菌根性に偏りがあり、常に菌根が見つかる種類もあれば、菌根があったりなかったりするもの、ほとんど菌根が見つからない種類もあることが指摘されている。ハワイのシダ八九種を調べた研究では、薄囊シダ類のディクソニア科、オシダ科、コバノイシカグマ科とホングウシダ科では一〇〇パーセントの頻度で菌根が確認されたという。一方、中国の雲南省に自生するシダ植物二五六種について、アーバスキュラー菌根の有無を調査した研究では、薄囊シダ類ではあまり菌根がみられなかったが、ハナヤスリ科やリュウビンタイ科などでは高頻度で菌根が見つかったと報告されている。

系統だけでなく、地生や着生、水生といった生育地の違いも菌根の形成に影響していると考えられている。ある特定の地域に自生するさまざまなシダ植物の菌根性を評価した研究をみてみると、着生種に菌根菌が見つかる頻度は、ハワイで五五パーセント、マレー半島で二六パーセントであり、アルゼンチンの温帯域ではほとんど見つからなかったという。一方、地生種の頻度は、ハワイが八三パーセント、マレー半島が七一パーセントであり、気候帯によって差があると考えられるが、着生種では地生種より菌根の形成率が低い傾向がみられる。シダ植物の根には、アーバスキュラー菌根菌以外にも、褐色で隔壁を有し根内に生息するのでダークセプテート・エンドファイト（Dark septate endophyte）と呼ばれる子嚢菌類の仲間が内生しているという報告もある。シダ植物におけるこれらの菌類の働きについてはまだよくわかっておらず、今後の研究が待たれる。

損する？　得する？　菌と植物のかけひき

配偶体と胞子体が独立して暮らすシダ植物ならではのおもしろい現象もある。シダ植物の一部の系統では、配偶体世代は菌従属栄養（第6章）であるが、胞子体になると独立栄養に変化する特殊な栄養摂取様式をもっている。この興味深い現象は昔からヒカゲノカズラ科、マツバラン科、ハナヤスリ科でよく研究されてきた。

生物の教科書に出てくるシダの配偶体は、緑色でハート型をしているが、菌従属栄養の配偶体は白色で塊状をしており地中生である。胞子体周辺の土を篩《ふるい》にかけると見つかることがあるらしいが、非常に小さいため実物を探すのはなかなか難しい。第6章で解説されるように、生活史を通じて完全に菌従属栄養の植物では、有機炭素を一生菌からもらいつづけることになるので、菌としては損をする一方である。ところが、このようなシダでは菌従属栄養の期間は菌に炭素を依存しているが、胞子体が葉を展開して光合成を始めると、その関係は通常のアーバスキュラー菌根共生にシフトし、今度は植物が菌に炭素を渡すようになる。つまり、生活史の初期では菌が植物に一方的に投資しているが、やがて葉が展開すれば、植物から払い戻してもらえるわけである。

ではほんとうに払い戻しは行われているのだろうか？　ハナヤスリ属の一種を使ってその検証実験が行われた。その結果、胞子体から菌根菌へきちんと炭素が受けわたされており、代わりに菌から植物へリンが移動した、つまり胞子体と菌根菌との関係は一般的なアーバスキュラー菌根共生にみられる相利共生であることが証明された。菌にとっては辛抱強く待てば、あとで返金してもらえることがわかったのである。しかし、後の研究でサクラジマハナヤスリの胞子体は、光合成を行いながらも部分的に菌根菌から炭素をもらう部分的菌従属栄養（第6章）であることが判明した。払い戻しを受けながらも、丸儲けではなさそうだ。

総合的にみて菌が損するのか？　得するのか？については、いまだ結論が出ていない。アーバスキュラー菌根菌はハナヤスリだけでなく、同時に複数の植物と共生のネットワークを形成しており、問題はそう単純ではないからだ。今後、このようなネットワークを通じた菌と植物とのかけひきについてさらに研究が進むことを期待したい。

光合成をする配偶体に菌根菌はいるの？

さて、第4章で述べたように、私はランの菌根共生を研究するのが本業であるが、ひょんなことからシダの配偶体の菌根共生を研究する機会を得たので、最後にこの話を紹介しよう。すべての始まりは、日本女子大学の研究者、今市涼子との出会いからであった。植物形態学が専門で、さまざまなシダ植物の配偶体について組織の中を解剖学的に観察していた際、細胞内に菌糸を見つけることがあり、常々興味をもっておられた。これはもしや菌根菌ではないのか？と質問を受け、一緒にリュウビンタイの配偶体で菌を観察することになった。ランの菌根菌は、菌糸に色がついているので、採ってきた菌根を少しスライスすればすぐに顕微鏡で菌根菌の感染を確認することができる。一方、シダ植物はアーバスキュラー菌根性であり、透明なアーバスキュラー菌根菌の菌糸は染色液で色をつけなれば感染の確認が難しい。強アルカリ溶液で植物組織を透明化した後、トリパンブルーなどの染色液で菌糸を染色する一般的な内生菌の観察方法で配偶体をみてみると、細胞の中にコイル状の菌糸がみえた。どうやら菌根菌のようだ。

次に菌糸の特徴をみてみた。菌根菌の候補としては、アーバスキュラー菌根菌であるグロムス菌類、担子菌と子囊菌類の大きく三グループがあげられる。担子菌と子囊菌には、糸状の菌糸に隔壁と呼ばれる仕切りが規則正しく観察できるが、アーバスキュラー菌根菌にはそれがない。また、担子菌と子囊菌類は菌糸の太さが概ね一定であるが、アーバスキュラー菌根菌では菌糸がランダムに太くなったり細くなったりする。これらの特徴を観察したところ、リュウビンタイの配偶体にいたのはアーバスキュラー菌根菌のようだった。最終的にこの配偶体がアーバスキュラー菌根共生を営んでいると断定するためには、アーバスキュラー菌根共生の証である樹枝状体を見つける必要がある。しかし、これは菌糸の観察ほど容易でない。樹枝状体の寿命は短く、すぐに消化されてしまうので教科書に載っているようなきれいに枝分かれをした樹枝状体を見つけるのはなかなか難しい。それでも消化された樹枝状体が見つかったので、リュウビンタイの配偶体にはアーバスキュラー菌根菌がいそうだという目星がついた。

今市の話では、リュウビンタイやゼンマイの配偶体では、かなり高い確率で菌の感染がみられるという。シダ配偶体の菌根共生は、前述した菌従属栄養の地中生配偶体には注目が集まっていたが、一般的な緑色で独立栄養の配偶体にはまだスポットライトがあたっておらず、古典的な形態観察の記録はあったもののDNA解析を含めた研究はなかった。というわけで、緑色配偶体に菌根菌はいるのか?を検証する一大プロジェクトを手伝うことになった。手はじめにあらかじめ目星がついているリュウビンタイとゼンマイから着手することになった。まずは野外に配偶体を取りにいくところからスタートするのだが、自生地でシダの配偶体を見つけることのなんと難しいこと! 配偶体の大きさは三ミリ程度。しかも、ほとんどの場合、コケと一緒に土や岩壁に張りついているので、まずコケなのかシダなのか区別がつかない。ルーペをみながら四苦八苦していると、隣で今市やその研究室の学生が手なれた様子で土壁からピンセットを使って配偶体を集めていた。目が慣れてくると同じ緑色でもコケとシダでちょっと違うことや、細胞の輝き、薄さなどで区別できるようになってきたが、それでも隣の学生のピンセットは魔法使いのステッキのようにみえ、短時間で大量の配偶体が集められていた。

次なるステップは、採集した配偶体がどの種類のシダなのかを形から選別する作業である。胞子体と違って配偶体は形がとても単純なので、形態から種名を言いあてるのはまず不可能と言ってよい。しかし、そこはさすが形態学の専門家で、概形や造精器・造卵器の位置、毛の有無や形から、どのシダの配偶体か、科のレベルくらいまでならだいたいわかるらしい。だが、最終的な種の同定はＤＮＡ鑑定にゆ

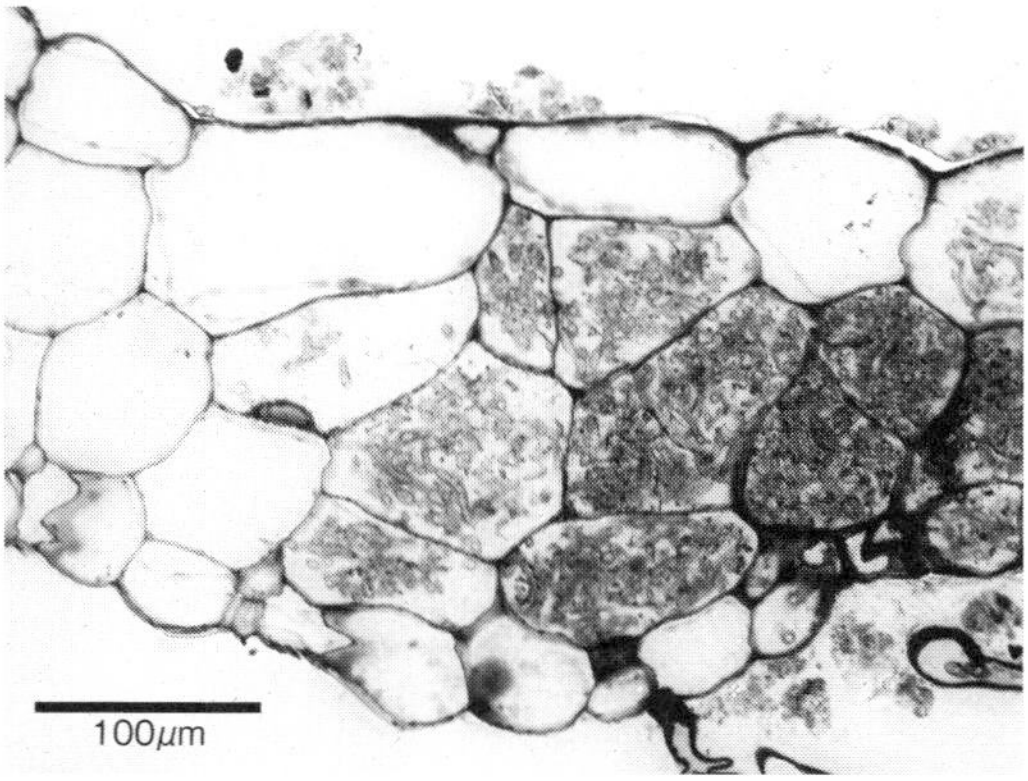

図３　シダ配偶体の細胞内にみられる菌根菌の菌糸
写真はヤワラシダ配偶体の中心部分の縦断切片（提供／今市涼子・平山裕美子）

だねられる。さて、困ったのは、三ミリ程度の小さな配偶体一個を使って、①細胞内に菌根菌が感染しているかどうか組織の中を観察する、②中にいる菌の種類をＤＮＡ鑑定する、③シダの種類をＤＮＡ鑑定する、という三つの作業をしなければならないことだった。配偶体には当然根はなく、ペラペラした緑色のフィルム片のような形をしている。しかも、予備的な観察から、菌根菌は配偶体の全面にいるのではなく、中心部分のちょっと肉厚になったところにしかいないことがわかっていた（**図３・口絵５右下**）。そこで、配偶体をこの中心部分で縦にまっぷたつに切り、片方を①の観察用に使い、もう片方からはＤＮＡを抽出して②と③に使うことにした。無論、肉眼ではできない作業なので、実体顕微鏡の下で行う非常に細かい作業である。

こうやって試行錯誤を重ね、今市研究室にいた博士課程の迫田曜が中心となり、リュウビンタイとゼンマイの配偶体をそれぞれ五〇個ほど観察した結果、九五パーセント以上の配偶体にアーバスキュラー菌根菌がいることがわかった。[*9] 独立栄養のシダ配偶体も、菌根共生を行っていることをＤＮＡ解析も含めてはじめて明らかにすることができ、大きな一歩を踏み出すことができた。あの小さな配偶体が生き延びるために、菌根共生が大きな役割を果たしているにちがいない。ちなみに、シダ植物の配偶体にもコケ植物の葉状体と同様に仮根と呼ばれる細い根のような器官が発達する（図1）。一連の観察の途中で、シダ配偶体の仮根の中にも、アーバスキュラー菌根菌と思われる菌糸がみられることがあり、この仮根から菌糸が植物組織内へ侵入している可能性もありそうだ。受精した配偶体からは、やがて胞子体が形成されるが、これら胞子体から新たに分化した根にも、やがてアーバスキュラー菌根菌の菌糸が侵入し、胞子体の菌根共生が始まる。

さて、前述したようにこれまでの胞子体についての研究から、菌根菌がいるかいないかはシダの系統によって傾向が異なることが指摘されている。リュウビンタイやゼンマイはシダ類の進化の中でも比較的初期に現れた系統であり、より最近出現したグループではどうなのかを調べることになった。そこで次に目をつけたのは、生えているだけで熱帯の雰囲気が出るヘゴなど木生シダの仲間だ。あの大きなヘゴの木も、はじまりはやはり三ミリほどの配偶体である。前回培った技術を応用して、これらの配偶体にもアーバスキュラー菌根菌がいることを突き止めた。コシダやキジノオシダの仲間も概ねアーバスキュラー菌根菌がいることがわかり、これらの結果を論文として発表することができた。[*10] 興味深いことにリュウビンタイやゼンマイのように常に菌がいるものもあれば、感染頻度が六割程度でどうやら菌がいないときもあるグループもありそうだということがわかってきた。一言で配偶体といっても、塊状、ハート形、リボン形、不定形など形もさまざまで、暮らしている場所も土の中や土の上、岩の上や高い木にくっついているなどさまざまであり、きっとそれぞれ菌根共生の事情が異なっているにちがいない。シダの系統だけでなく、配偶体の形や生育地によって菌根共生がどう違うのか、現在も研究を進めている。

コケ・シダ植物は、農作物として利用されておらず、また、マツタケやトリュフなどの食用キノコと共生しているわけでもない。産業的にはほとんど価値がないことから、他の陸上植物に比べてこれらの菌根共生に関する研究は非常に遅れている。しかし、菌根共生の進化を考えるうえで原点とも言うべきこれらの植物群の研究は、欠かすことができないテーマであり、今後の進展が大いに期待される分野である。

第6章

菌類を食べる植物
——菌従属栄養植物の菌根共生

大和政秀

菌根共生、菌従属栄養植物との出会い

千葉大学園芸学部の学生だったころ、土壌学の授業で植物と菌類の共生関係である「菌根」が紹介されていた。浅学だった私は、植物が土壌養分の吸収を菌類に依存しているという話を聞いたのはこのときがはじめてであり、この菌根共生に大いに関心をもった。大学院修了後は、関西総合環境センター（現・環境総合テクノス）生物環境研究所で研究員として勤務することとなり、そこで取り組んだ研究課題の一つが「希少植物の保全に関する研究」だった。関西総合環境センターは環境コンサルタント会社で、土地開発にともなう環境アセスメントを主要業務としていた。開発予定地に、絶滅危惧種に指定されている希少植物が発見された場合には保全対策を講じる必要があるのだが、移植やポット栽培を行うと必ず枯れてしまう植物があり、菌根共生にその原因があるのではないかと考えられているというこ

とだった。早速、ギンリョウソウ、キンラン、オオバノトンボソウなどを対象として菌根共生を調べることとなり、こうして（部分的）菌従属栄養植物の菌根共生に関する研究を行うようになった。その後、大学へと職場を変えながら菌根に関する研究を続け、菌従属栄養植物についてもさまざまな研究を展開してきた。本章では菌従属栄養植物の菌根共生に関する概論とともに、これまでの研究をふり返ってみた。

菌従属栄養植物とは

「緑色の葉をもち、光合成を行う」は誰しもが共通してあげる植物の特徴だ。しかし、例外はどこの世界にもあるもので、植物の中には葉緑素をもたず、光合成を行わない種が存在する。このような植物種は光合成以外の方法で炭素化合物を獲得しなければならず、その方法は寄生と菌従属栄養に大きく分けられる。寄生植物は、寄生根と呼ばれる特殊化した根で他の光合成植物に寄生して炭素化合物などの栄養分を吸収しており、ハマウツボ科のハマウツボ、ナンバンギセル、ツチトリモチ科のツチトリモチなどが知られている。一方、ラン科、ツツジ科、ホンゴウソウ科などで知られている菌従属栄養植物ではこのような寄生根は存在せず、地下部を掘り出しても周辺の植物根と直接つながっている様子は観察されない。このような特徴から、このタイプの植物は、以前は腐生生活（有機物を分解して炭素化合物を吸収）を営んでいるものと誤解され、多くの図鑑では今でも腐生植物として紹介されている。しかし、菌根共生に関する研究が進み、このような植物は腐生ではなく菌根菌から炭素化合物を獲得していることが明らかになり、英国のジョナサン・リークは一九九四年に発表した総説で、このような植物に対して mycoheterotrophic plants という用語を提唱した。そして、わが国でもこの総説の発表を受け、この用語に対する和訳として「菌従属栄養植物」という言葉が用いられるようになった。[*1] 光合成生物が「独立栄養生物」と呼ばれるのに対して、生育に必要な炭素を他の生物由来の炭素化合物から利用する生物は「従属栄養生物」と呼ばれる。菌従属栄養植物はどのようにして菌類から炭素化合物を獲得しているのだろうか？　そのメカニズムについてはまだまだ不明な点が多いが、ラン科などの菌従属栄養植物では根の細胞内で菌根菌の菌糸コイルが消失していく様子が観察される。これはまさに「植物が菌類を食べている」と言ってもさしつかえないだろう。

菌従属栄養植物は陸上植物のコケ植物門、ヒカゲノカズラ植物門、シダ植物門、被子植物門と広範な系統群にみられ、特に被子植物門においてはラン科、ツツジ科、ホンゴウソウ科、ヒナノシャクジョウ科、サクライソウ科、リンドウ科などに多くの菌従属栄養種が存在する。これはさまざまな分類群で菌従属栄養性が独立して進化したことを示しており、生物進化の自在性を考えるうえでもたいへん興味深い。それぞれの植物分類群ごとに菌従属栄養植物の菌根共生について特徴をみてみよう。

コケ植物の菌従属栄養植物

コケ植物門タイ（苔）綱の菌根共生は多様である（第5章）。祖先系統群ではグロムス菌亜門とケカビ亜門の菌類による菌根形成がみられ、その中から非菌根性の系統が出現し、さらにその後、担子菌門および子嚢菌門の菌類と共生するいくつかのグループが出現した。このうち担子菌類のツラスネラ属の菌と共生するスジゴケ科においてアネウラ・ミラビリス（*Aneura mirabilis*）という菌従属栄養植物が知られている。ヨーロッパに分布するこの植物は、葉緑素をもたないため葉状体が黄白色で、腐植や他のコケ植物に埋もれて生育する。この植物の菌根菌は他の樹木に外生菌根を形成することが確認されており、周辺樹木の光合成産物を菌根菌の菌糸を通じて受け取っていると考えられる。

シダ植物の菌従属栄養植物

シダ植物はシダ植物門とヒカゲノカズラ植物門に大きく区分され、いずれも生活環は胞子から発生する配偶体（前葉体とも言う）と受精卵から成長する胞子体（一般にシダと認識されているのはこちら）によって構成される。このうち、ヒカゲノカズラ科では、胞子体と配偶体で、グロムス菌亜門の菌類によるアーバスキュラー菌根の形成がみられ（第5章）、いくつかの種では配偶体は葉緑素をもたないことが知られている。この無葉緑の配偶体は菌糸コイルをともなうパリス型（第1章、後述）と呼ばれるアーバスキュラー菌根の形成とともに地下で成長することから、この生育ステージにおける菌従属栄養性が示唆されている。特殊な実験条件下以外ではアーバスキュラー菌根菌に腐生性は確認されていないことから、この共生系では周辺植物の光合成産物がアーバスキュラー菌根菌の菌糸を介して配偶体に供給されていると考えられる。これらの植物はグロムス科の一群のアーバスキュラー菌根菌との間に特異性をもち、さらに胞子体と配偶体が共通のアーバスキュラー菌根菌と共生する場合もあることから、その際にはあたかも親が子を養うかのように、胞子体の光合成産物が共有するアーバスキュラー菌根菌を介して配偶体に供給されるのかもしれない。

シダ植物門のハナヤスリ科とマツバラン科でもヒカゲノカズラ科と同様に独立栄養の胞子体と菌従属栄養性の配偶体がみられる。これらの植物においてもそれぞれの分類群ごとにアーバスキュラー菌根菌との間に特異性がみられ、配偶体と胞子体および周辺の光合成植物には、共通のアーバスキュラー菌根菌が共生することが報告されている。

ラン科植物キンランの菌根共生

ラン科植物には約二万八〇〇〇種以上が存在するとされ、キク科とともに種数の多い科として知られている。ラン科植物の種子は微細であり、胚乳や子葉をもたない。地上に落ちた種子に共生相手となりうる菌根菌が侵入すると、胚細胞の中で菌糸の分枝と融合が起こり、菌糸コイルが形成される（第4章）。菌根菌は隣接する細胞に順次侵入して広がり、やがて菌糸コイルは塊状に変性して消失する。こうした過程を経て胚は肥大し、幼植物体（プロトコーム）となる。プロトコームは、はじめは分化した構造がみられない細胞の塊だが、やがて茎葉と根が分化する。発根後は、菌根共生は根にみられるようになるが、根の発生の際には菌根菌はプロトコーム内部を広がって根に侵入するのではなく、外部から新たに菌根菌が根に侵入することが確認されている。成長した個体では根あるいは根茎（リゾーム）で菌糸コイルの形成が認められるが、菌根形成部位はランの種によって異なる。いずれにおいても菌糸コイルの形成と消失が共通して認められ、このようなラン科植物に形成される菌根は「ラン菌根」と呼ばれている。*2

前述のように私は希少植物の保全対策に関する研究を行っていたが、移植困難種のリストをみるとキンラン（**図1・口絵7右上・口絵8右上**）、ギンラン、オオバノトンボソウなどのラン科植物やギンリョウソウなどの名前があり、いずれもアーバスキュラー菌根や外生菌根とは異なる特殊な菌根共生を営んでいる植物種だった。ランについてはそれまで研究対象にしたことがなかったので、文献を調べてみるとリゾクトニア菌と呼ばれる腐生菌が根内に菌糸コイルを形成しており、これは分離培養できるということだった。リゾクトニア菌とは無性生殖の生活環（不完全世代）における栄養菌糸の形態にもとづいて分類された菌群であり、有性生殖の生活環（完全世代）にもとづく分類ではツノタンシキン科、ツラスネラ科、ロウタケ科に分けられる。そこで、ネジバナ、シュンランなどで試してみると容易に菌糸コ

図1　キンランの菌根共生
①キンランの開花個体
②キンランの菌根。皮層細胞に菌糸コイルがみられる
③キンランの種子。中心部に胚がみられる
④キンランの幼植物体（プロトコーム）。菌糸コイルが透けてみえる

イルからの菌糸伸長がみられ、菌を分離培養することができた。しかし、肝心のキンランやオオバノトンボソウではまったく菌糸伸長がみられない。すでに細胞内で消化されて死んでいるのかとも考えられたが、明らかに菌糸体の形状が残っているにもかかわらず菌糸伸長がみられないのはなぜだろう？　リゾクトニア菌とは異なる菌が共生しているのだろうか？などと考えていた。

　一方で、一九八〇年代半ばのPCR法の発明以降、分子生物学的な実験手法の発展は著しく、DNAの特定部位を増幅する特異的プライマーの開発とともに、植物根内の菌根菌についてもDNA塩基配列情報にもとづいた分子同定を行うことが可能となっていた。菌類についてはリボソームRNA遺伝子が分子同定のためのバーコード領域とされ、この領域の塩基配列がデータベース上に充実している。一九九〇年代の後半からは得られた塩基配列をデータベースに照合することによって対象生物の分類群を推定することが容易になり、さまざまなラン科植物の菌根菌についても同定が行われるようになった。

キンラン属については一九九七年に北米に分布するキンラン属の無葉緑植物ケファランテラ・オースティナエ（*Cephalanthera austinae*）の菌根菌がイボタケ科の外生菌根菌であることが報告された。この論文を読んだとき、「ああ、やっぱりキンラン属の菌根菌はリゾクトニア菌ではなかったのか。外生菌根菌ということは樹木・菌根菌・ランの三者共生か。移植がうまくいかないわけだ」と、多くの疑問が氷解し、今ではあたりまえになっているDNA解析技術の威力を大いに感じた。第4章では佐賀大学の辻田有紀がマヤランの菌根菌について同様の経験を紹介しているが、あのころが菌根研究の一つの転換期であったと言えるだろう。

ラン科植物は種子発芽時に菌根菌と共生し、菌根菌からの炭素化合物の供給とともに成長するのだが、培地に添加したスクロース（ショ糖）を炭素源とすることで、菌根菌との共生なしでも発芽成長を促すことができる場合がある。キンランでこの方法を試みたところ、受粉後六五日目に採取した未熟種子を用いて種子発芽に成功し、そのまま培養を続けることでシュート（茎葉部位）形成に至る苗を育成することができた（**図2**）。一〇〇個体以上の苗を育てることができたので、これらをキンランの自生地に定植してみると五年目には一部の個体で開花に至る成長がみられた。これらの個体は菌根共生とともに定着したにちがいないと考え、近くに自生していた個体とともに菌根菌を同定すると前述のケファランテラ・オースティナエ、ドイツで採取されたケファランテラ・ダマソニウム（*Cephalanthera damasonium*）などと同様にイボタケ科がおもな菌根菌として同定された。[*3] キンランについてはその後、長野県下伊那郡の蘭ミュージアム高森（当時、現在閉館）の谷亀高広とともにコナラにイボタケ科の菌類を共生させたポット苗を用いて、栽培にも成功した。[*4]

図2　キンラン無菌培養苗（播種 13 カ月後）
ショ糖を炭素源とした培地で培養した。シュート（茎葉）の形成がみられる

ラン科植物が外生菌根菌と共生する例は次々と報告され、ラン科植物と菌根菌の間の多様な関係性が急速に解明された。日本の自生種としては、ツレサギソウ属のオオバノトンボソウ、キンラン属のギンラン、サカネラン属のエゾサカネラン、トラキチラン属のトラキチラン、シュンラン属のシュンラン、マヤラン、ムヨウラン属のムヨウランなどで外生菌根菌の共生が報告されている。これらの中には葉緑素を成体でも消失している菌従属栄養植物が多くみられるが、その進化的背景には外生菌根菌を介した樹木からの安定的な炭素化合物の供給があると考えられている。

神社林のタシロラン

トラキチラン属のタシロラン（図3）は近年関東以西でよくみられるようになった菌従属栄養植物である。私は環境アセスメントに関連して、二〇〇一年からこのランについて研究する機会を得た。タシロランは明治神宮、橿原神宮など多くの神社でみられる神聖な（?）ランでもあるのだが、この分布特性は神社によくみられる平地の常緑広葉樹林に発生するという生態によるものだろう。六月末から七月初旬に白いシュートを発生し、ただちに開花するが、このシュートの直下を掘ってみるとシュート下部

図3　タシロラン
ナヨタケ科の腐生菌と共生する菌従属栄養植物

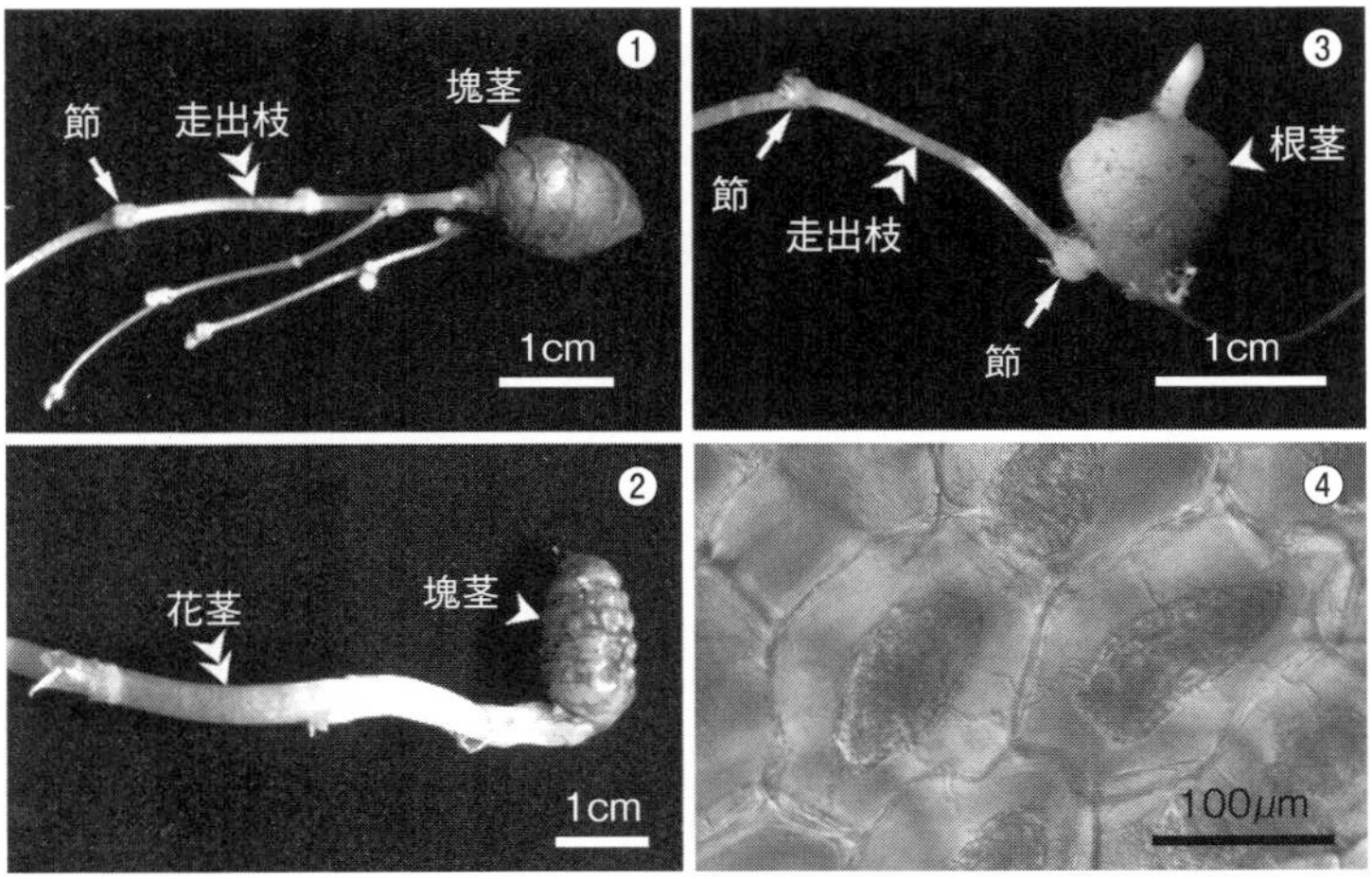

図4　タシロランの地下組織
①塊茎から伸長する走出枝
②塊茎から伸長する花茎
③根茎と走出枝
④根茎の細胞内にみられた菌根菌の菌糸コイル

の塊茎とともに、細い走出枝と走出枝の節から肥大した根茎（図4③）がみられた。持ち帰ったサンプルについて切片を作成し、顕微鏡で観察してみると菌糸コイルは根茎の細胞内にみられた（図4④）。

菌根菌の分離培養を試みたところ、菌糸コイルから伸長する菌糸体を得ることができ、そこには菌糸細胞間の隔壁部に担子菌類特有のかすがい連結が観察された。リゾクトニア菌にはかすがい連結はみられないため、これは未知の菌根共生なのではないか！とドキドキしながら分子同定を行ってみると、菌根菌はイタチタケ、イヌセンボンタケなどと近縁なナヨタケ科の菌と同定された[*5]。これらは腐生菌として知られ、腐朽木材の周辺に群落がみられるタシロランの生態的特性と符合する。このころ、千葉大学の学生だった谷亀高広がタシロランの培養実験を進めており、イヌセンボンタケと同定された分離菌株を接種源とした培養実験で種子から開花までの栽培に成功した[*6]。これは菌従属栄養植物の栽培に成功した稀有な研究例であるとともに、この成果によってタシロランは種子発芽から開花に至るまでの成長を単一のナヨタケ科の菌で達成できることが明らかとなった。またあわせて行われた観察によって、このランに特異な次のような増殖過程が明らかとなった。

種子発芽後、発達したプロトコームから走出枝が伸長し、走出枝の節から肥大した根茎に菌根菌が共生する。肥大した根茎から塊茎が形成され、発達した後、この塊茎から花茎が伸長して（図4②）、開花・結実する。このような発達過程を経ることで、腐朽木材の蓄積によって菌根菌が豊富な炭素源を獲得できる条件下では、一つの種子から発生した個体でも多数の花茎を林立させることが可能となる。一方で、タシロランの群落はあまり長続きしないことも知られている。これは腐朽木材の炭素源は永続的でなく、ナヨタケ科の菌類自体に消長がみられることと無縁ではないだろう。タシロランは、このような不安定な環境で条件のよいときにだけ多数の種子を散布することができる効率的な繁殖スタイルを有していると言える。ナヨタケ科の菌類については緑色葉をもつサイハイランと菌従属栄養植物のイモネヤガラの菌根でも報告されている。イモネヤガラはナヨタケ科のイタチタケと特異的に共生することが辻田らによって明らかにされているが、イタチタケが広域分布種であることがイモネヤガラのアジアからオーストラリアにかけての広域分布を可能にしていると考えられている。

巨大な無葉緑ランを支える菌根菌

リゾクトニア菌以外の腐生菌と共生するラン科植物については菌根菌の分離培養が比較的容易なため、DNA解析が主流になる以前から研究が進められており、日本の菌学の草分けである草野俊助がオニノヤガラの塊茎に共生する菌根菌がナラタケ属であることを、マツタケ研究で著名な浜田稔が、ツチアケビに共生する菌根菌もナラタケ属であることをそれぞれ明らかにするなど、わが国の研究者が先駆的な役割を果たしてきた。

ナラタケ属は弱った樹木を枯死に追いこむ寄生菌として知られ、こうして得られる豊富な炭素源を利用して、菌従属栄養植物としては例外的に大きなオニノヤガラやツチアケビ（いずれも最大約一メートル）が成長できると考えられる。また、タカツルランではさまざまな木材腐朽菌が共生することが辻田らによって報告されており、こちらも巨大な個体（一〇メートル以上！）に成長することが知られている（第4章）。オニノヤガラについては興味深いことに、種子発芽時には腐生菌のクヌギタケ属と共生することが明らかとなっており、これは成長の過程で共生菌が変わることを意味する。

また、オニノヤガラ属のクロヤツシロラン、アキザキヤツシロラン、ハルザキヤツシロランはいずれもクヌギタケ属およびホウライタケ科の腐生菌と共生し、ハルザキヤツシロランでは他に外生菌根菌であるベニタケ科、ロウタケ科の菌類との共生もみられる。これらのランは果実形成時にシュートが二〇

〜三〇センチメートルになるまで伸長するものの、オニノヤガラに比べると非常に小さく、このことからもナラタケ属の優れた炭素供給能力がうかがえる。クヌギタケ属との共生はオニノヤガラ属に共通しており、これは祖先系統で獲得された特性と言えるかもしれない。

一方で、腐生性のリゾクトニア菌をおもな菌根菌とする菌従属栄養性のラン科植物種はこれまで報告されていない。一般に土壌微生物として生育するリゾクトニア菌ではランの成体を養うほどの炭素源を供給することはできないのであろう。菌根菌がリゾクトニア菌から外生菌根菌あるいは木材腐朽菌にシフトすることが菌従属栄養性の進化において必須だったと考えられる。

このような菌従属栄養性の進化にともなう菌根菌の変化については辻田らによるシュンラン属を対象とした研究がある。[*7] シュンラン属では独立栄養種、部分的菌従属栄養種、菌従属栄養種がすべて同一属内にみられ、いずれも日本に自生している。着生ランとして知られる独立栄養種のヘツカランではリゾクトニア菌として知られるツラスネラ属が菌根菌として同定され、部分的菌従属栄養性のシュンランとナギランではツラスネラ属とともにロウタケ目、ベニタケ科、イボタケ科などの外生菌根菌がおもに同定された。このうちシュンランとナギランの結果を比較すると系統的により菌従属栄養植物に近いナギランにおいてツラスネラ属の検出割合は低くなっていた。そして、菌従属栄養性のマヤランとサガミランではツラスネラ属は検出されず、外生菌根性のロウタケ目の優占がみられた。こうしてみると菌従属栄養性の進化とともに菌根菌においてリゾクトニア菌から外生菌根菌へのシフトが生じていることがわかる。

また、谷亀らが行ったサカネラン属の独立栄養種と菌従属栄養種の共生菌について比較を行った研究では、ともにロウタケ目の菌との共生がみられるものの、独立栄養種は腐生菌のグループと、菌従属栄養種は外生菌根菌のグループとそれぞれ共生することが明らかとなった。サカネラン属では菌従属栄養性の進化とともに近縁な菌群の中で腐生菌から外生菌根菌へのシフトが行われたと考えられる。

菌からランへどのように栄養は移動するのか――同位体で探る

次にラン菌根の働きについてみてみよう。オートミール、セルロースなどを炭素源として含有する寒天平板培地にリゾクトニア菌などの腐生性の菌根菌を培養し、その上にランの種子を播種すると共生発芽がみられる場合がある。ラン科植物としてハクサンチドリ属のダクトロライザ・パープレラ（*Dactylorhiza purpurella*）を用いた実験ではプロトコームの成長の際に、培地中の炭素源が共生菌を介して供給されることが確認されている。この種子発芽時およびプロトコーム時における菌従属栄養性は、すべてのラン科植物に共通してみられる。

炭素原子の安定同位体には^{12}Cと^{13}Cが、窒素原子の安定同位体には^{14}Nと^{15}Nがそれぞれ知られており、一般に生物の酵素反応では軽い元素が反応に用いられやすいことから、生物体では自然存在比とは異なった安定同位体比（同位体分別）がみられる。菌従属栄養植物の菌根共生をめぐる同位体分別について**図5**に図解を示した。一般に光合成植物ではCO_2固定酵素が^{12}Cを優先的に取りこむ性質をもっているた

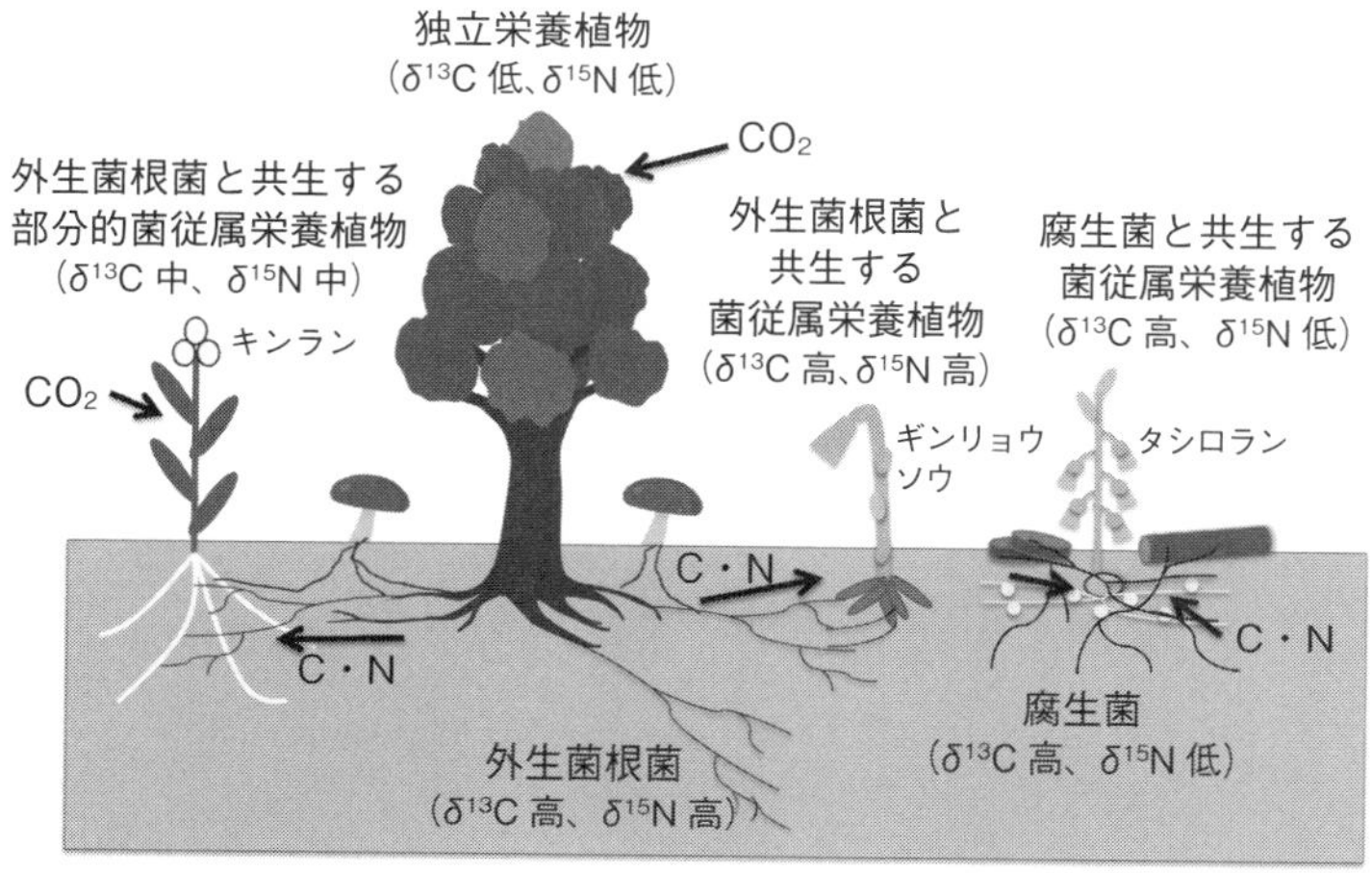

図5　菌従属栄養植物の菌根共生をめぐる炭素（C）と窒素（N）の流れ
炭素および窒素の安定同位体比（δ^{13}C、δ^{15}N）（本文参照）の違いによって、炭素、窒素の由来を推定することができる。無葉緑植物であるギンリョウソウは外生菌根菌と共生する菌従属栄養植物であり、タシロランは木材腐朽に関わる腐生菌と共生する菌従属栄養植物である。また、キンランのように自ら光合成を行いつつ、外生菌根菌にも炭素源を依存する部分的菌従属栄養植物もいる

め、光合成植物の^{12}Cの割合はやや高くなる。とはいえ^{13}Cの割合はもともと非常に少なく（自然存在比一・〇七パーセント）、その変化の量もわずかであるため、安定同位体比は標準物質の安定同位体存在比に対する分析サンプルの安定同位体比のずれを千分率（パーミル）で表すδ^{13}C値で示される。たとえば、あるサンプルのδ^{13}C値は下式で計算される。

δ^{13}Cサンプル＝{（^{13}C／^{12}Cサンプル÷^{13}C／^{12}C標準物質）－1}×一〇〇〇（‰）

こうして計算すると光合成植物の安定同位体比δ^{13}C値は比較的低い値となる。

一方、担子菌類、子嚢菌類などの菌類では呼吸に^{12}Cが優先的に用いられるため、菌体のδ^{13}C値は比較的高い値となる。さら

に窒素原子の安定同位体^{14}Nと^{15}Nについては、樹木と共生する外生菌根菌では、おそらく共生相手へのさかんな窒素供給の際の代謝を反映して、安定同位体比$\delta^{15}N$値が高くなることが知られている。一方で、腐生菌ではこのような性質はみられない。この$\delta^{15}N$値の違いを利用して担子菌類および子嚢菌類と共生するラン科植物の栄養性を調べる研究が行われており、外生菌根菌と共生する菌従属栄養性のラン科植物では$\delta^{13}C$値、$\delta^{15}N$値がともに周辺の独立栄養植物よりも高くなり、菌根菌の子実体（キノコ）と類似の値となることが報告されている。興味深いことに、これらの外生菌根と共生する樹木ではこのような高い$\delta^{13}C$値と$\delta^{15}N$値はみられず、菌従属栄養植物は独立栄養植物とは異なる方法で菌体から窒素化合物を獲得していると考えられる。さらに、外生菌根菌と共生し、緑色葉をもつラン科植物では$\delta^{13}C$値が独立栄養植物と菌従属栄養植物あるいは菌根菌の子実体の値との中間値となることが報告されており、これらの植物では光合成と菌従属栄養性をあわせもつ部分的菌従属栄養性（混合栄養性）が示唆されている。すなわち、これらのラン科植物ではプロトコームだけでなく成体においても菌根菌からの炭素化合物の獲得が継続して行われていると言える（図5）。

イボタケ科などの外生菌根菌と共生するキンラン属のケファランテラ・ダマソニウムについて、緑色の光合成個体と葉緑素をもたない白色のアルビノ個体の間で$\delta^{13}C$値を比較した研究では、光合成個体の$\delta^{13}C$値が周辺の光合成植物とアルビノ個体の値の中間値を取ることが示され、光合成個体が菌体から炭素化合物を得る割合について約五〇パーセントと算出された。同様の研究は神戸大学の末次健司らによってハマカキランを対象としても行われ、こちらでは約四〇パーセントの炭素が菌根菌由来であると算出されている。また、リゾクトニア菌以外の腐生菌であるクヌギタケ属と共生するアキザキヤツシロランなどのラン科植物においても高い$\delta^{13}C$値が辻田らによって確認されており、菌体からの炭素化合物の受容が示唆されている。

一方で、リゾクトニア菌群と共生する光合成ランでは炭素および窒素の顕著な同位体分別はみられず、これらのラン科植物では、緑色葉を展開する個体は独立栄養性と考えられてきた。しかし、これらの結果はリゾクトニア菌自体に顕著な同位体分別がみられないことに起因するのではないかとの指摘がある。有機物は炭素、酸素とともに水素原子によって構成されている。自然界には通常の水素の^{1}Hだけでなく微量の重水素^{2}Hが存在しており、その比$\delta^{2}H$を調べることができる。従属栄養生物では炭素だけでなく水素においても重同位元素^{2}Hの割合が高まると考えられることから、さまざまなラン科植物について水素の同位体についても解析が行われたところ、リゾクトニア菌と共生する光合成ランにおいても、外生菌根菌と共生するランとともに有意に高い$\delta^{2}H$値がみられることが明らかとなった。この結果は部分的菌従属栄養性が広くリゾクトニア菌と共生する光合成ランにも存在する可能性を示唆するものとして報告されている。菌糸コイルの変性と消失はリゾクトニア菌と共生するラン科植物の根でも普通にみられるため、光合成ランの広範な種でも部分的菌従属栄養性を示唆するこちらの結果のほうが菌根形態とも符合するように思われる。

菌からランへの炭素・窒素の流れをみる

菌根菌からラン科植物への炭素化合物の供給はどのように行われているのだろうか？　ラン菌根では菌糸コイルの形成と菌糸塊への変性、消失がみられるが、どのステージで菌根菌から炭素化合物が供給されるのかについては長らく議論となっていた。広島大学の久我ゆかりらはラン科植物としてネジバナを、菌根菌としてツノタンシキン科のケラトバシディウム属（*Ceratobasidium*）の菌を用い、外生菌糸に^{13}Cグルコースと^{15}N硝酸アンモニウム（$^{15}NO_3{}^{15}NH_4$）を与えて寒天培地上で培養したプロトコームの切片について同位体顕微鏡による観察を行った。同位体顕微鏡とは、固体試料中の同位体の微細分布を画像化する最先端の顕微鏡である。得られた同位体画像における植物細胞を菌根共生の有無と菌糸コイルのステージによって区分し、細胞内の構造の同位体比について調べたところ、生きている菌糸に近接する色素体への^{13}Cの流入と細胞内菌糸の衰退期における菌糸内での急激な^{13}Cと^{15}Nの増加およびこれらの元素の植物細胞への移行がそれぞれ確認された。[*8]　この研究の結果は活性のある菌糸コイルでも植物への炭素化合物の供給が行われることを示すとともに、菌糸コイルの変性・消失の過程で菌体からラン科植物の細胞へ大量の炭素と窒素が供給されることを可視的に証明したものであり、たいへん興味深い。

菌根菌にとっての菌従属栄養性のメリット

ところで、よく質問されることでもあるのだが、菌従属栄養植物の菌根共生において、菌側にはメリットはないのだろうか？　寒天培地プレート上におけるヒメミヤマウズラ（亜高山帯の針葉樹林に現れる光合成ラン）とツノタンシキン科のケラトバシディウム・コルニゲラム（*Ceratobasidium cornigerum*）の共生系では、安定同位体および放射性同位体を用いて、菌根菌から植物および植物から菌根菌への炭素の移行がそれぞれ確認されている。この結果はランの共生系では炭素化合物が植物と菌根菌の間を双方向に移動していることを示しているが、前述のようにリゾクトニア菌と共生する光合成ランの部分的菌従属栄養性についてはさらなる検証が必要であり、フィールド条件下における正味の移転は不明である。また、末次らはマツの内外生菌根菌として知られるウィルコキシニア属（*Wilcoxina*）と共生するカキラン属のハマカキランについて光合成個体とアルビノ突然変異体の遺伝子発現を解析したところ、菌従属栄養への依存度が高まると考えられるアルビノにおいて、さまざまな輸送体の遺伝子発現が上昇することを明らかにした。その中には植物から菌根菌への炭素化合物の輸送に関わる遺伝子も含まれており、菌従属栄養植物の菌根共生でも植物から菌類に炭素化合物が供給されている可能性が示唆された。これらの結果は、菌従属栄養植物においても菌根菌が炭素化合物を獲得できる部位あるいはステージがあることを示唆しており、一時的に菌根菌が植物にだまされることになっているのかもしれない。植物と菌従属栄養植物間の物質のやりとりは一方的ではないとする知見はたいへん興味深く、さらなる研究が必要である。

多様なツツジ科の菌根共生

ツツジと聞くと公園などに植栽されている灌木を思い起こす人も多いだろう。しかし、ＤＮＡ解析による分子系統学の成果をまとめた被子植物系統グループによる被子植物の分類体系では、ツツジ科は約一二五属四〇〇〇種を含む大きなグループで、従来イチヤクソウ科、シャクジョウソウ科とされていた分類群も、ともにイチヤクソウ亜科、シャクジョウソウ亜科としてツツジ科に含められることとなった。ツツジ科の中で祖先系統に位置するドウダンツツジ亜科ではアーバスキュラー菌根菌の共生がみられるが、シャクジョウソウ亜科、イチヤクソウ亜科では担子菌の共生がみられる。また、これ以外の亜科では子嚢菌との共生によるエリコイド菌根（序章）の形成がみられ、ツツジ科の菌根共生は多様である。

モノトロポイド菌根

シャクジョウソウ亜科の植物は無葉緑の菌従属栄養植物として知られ、北米大陸西部に多くの種がみられる。これらの植物の根は短根がサンゴ状に密集した特異な形態をしており、根の表面には菌根菌の菌糸による菌鞘が、さらに表皮細胞間にはハルティヒ・ネットがそれぞれ形成される。ここまでの特徴は外生菌根と同様だが、シャクジョウソウの菌根ではさらに表皮細胞に菌根菌が陥入した菌糸ペグと呼ばれる突起構造がみられる（序章図4・口絵8下）。こうしてシャクジョウソウに形成される菌根は外生菌根とも後述のアーブトイド菌根とも形態的に区別され、モノトロポイド菌根と呼ばれている。この菌糸ペグの周囲では宿主植物の細胞壁による突起構造がみられ、さらにこの部分は細胞膜に覆われている。このような構造は境界の表面積を増加させるものであり、この部分で植物と菌根菌との間の物質交換が行われている可能性が示唆される。菌糸ペグを取り囲む宿主細胞壁はやがて崩壊し、同時に細胞膜がふくらみ袋状となるが、この菌糸ペグの変性も菌体内容物の植物への移行に関与している可能性が考えられる。シャクジョウソウの観察例ではシュートの形成とともに菌糸ペグの数が増大し、やがて変性した菌糸ペグが大部分を占め、果実の形成とともに菌糸ペグ、ハルティヒ・ネット、菌鞘の菌糸が劣化する様子が報告されている。日本国内のシャクジョウソウ亜科植物としては、シャクジョウソウ属のシャクジョウソウ、ギンリョウソウモドキ、ギンリョウソウ属のギンリョウソウ（図6・口絵7右下）が知られ、これらの植物種にもモノトロポイド菌根の形成が確認されている。

モノトロポイド菌根を形成する菌根菌は外生菌根性の担子菌類であり、それぞれ種ごとに特定の菌群に対する特異性がみられる。シャクジョウソウはキシメジ属、ギンリョウソウ、ギンリョウソウモドキはベニタケ属、北米大陸に分布するサルコデス・サングイニィア（*Sarcodes sanguinea*）、プテロスポラ・アンドロメディア（*Pterospora andromedea*）はショウロ属の菌とそれぞれ共生することが明らかになっている。

外生菌根菌との共生から、ラン科の菌従属栄養植物と同様に樹木の光合成産物を、菌糸を通じて獲得する三者共生系の存在が示唆されるが、これらはシャクジョウソウなどで安定同位体の分析によって確認されている。また、以前には放射性同位元素を屋外で使用するという大胆な実験！によって炭素の移動が直接確かめられている。この実験では、放射性同位元素^{14}Cで標識したグルコースが樹木の師部に注入され、その後、約一メートル離れた箇所に発生したシャクジョウソウで放射能が検出された。この^{14}Cの移行は樹木とシャクジョウソウの間に板が挿入された場合には検出されず、両植物間に菌糸連結が必要なことがあわせて確認されている。

図6　ギンリョウソウ
ツツジ科の菌従属栄養植物

北米のサルコデス・サングイニィアはショウロ属のオオミノショウロと共生するが、このサルコデス・サングイニィアの花茎から一〇センチメートル以内に宿主植物のモミ属の根が集積し、さらにその菌根部位の八六～九八パーセントがオオミノショウロの菌根となっていることが報告された。その周辺にはベニタケ科やイボタケ科の菌類による菌根が形成されているため、サルコデス・サングイニィアの生育がオオミノショウロの菌根形成を特異的に促す可能性が示唆されている。菌従属栄養植物が共生相手の菌根形成を誘導するのであれば、それが菌根菌側のメリットになっている可能性があり、この菌従属栄養植物の共生関係を考えるうえでも興味深い。

アーブトイド菌根——部分的菌従属栄養性

イチヤクソウ亜科はウメガサソウ属、イチゲイチヤクソウ属、コイチヤクソウ属、イチヤクソウ属の四属からなり、これらの植物の多くは、明るい林の林床に生育し、葉を有する光合成植物である。この根には表皮細胞間のハルティヒ・ネット、表皮細胞内の菌糸コイル、菌鞘（未発達の場合あり）によって特徴づけられるアーブトイド菌根が形成される（序章図3・口絵8左上）。種子はラン科植物の種子と非常によく似ており、胚乳や子葉をもたない。種子発芽後、菌根共生による成長が地下部で行われるため、この段階での菌従属栄養性が明らかとなっている。また、北米大陸に自生するパイローラ・アフィラ（*Pyrola aphylla*）は葉が未発達で、成体も菌根菌への従属栄養であることが炭素と窒素の同位体分析によって確認されている。さらにこの研究では近縁種でやや葉が発達しているパイローラ・ピクタ（*P. picta*）とオオウメガサソウの部分的菌従属栄養性が確認されており、三重大学の松田陽介らも日本国内のイチヤクソウ（図7）について部分的菌従属栄養性を確認している。

イチヤクソウ属植物の根に共生する菌根菌は、DNA配列によると多様な菌群が同定され、その多くは外生菌根菌である。成体の菌根共生はあまり特異的ではないとされてきたが、最近、イチヤクソウはベニタケ属菌に対して高い親和性をもつことが報告された。種子発芽時における菌根共生については長らく未解明だったが、帯広畜産大学の橋本靖らがベニバナイチヤクソウ（**口絵7左上**）について調査したところ、腐生性であるロウタケ目のセバキナ・ヴェルミフェラ（*Sebacina vermifera*）との共生によ

図7　森の林床で生きるイチヤクソウ
森の中で生育する植物は、周囲の光環境に比べて薄暗く、十分な光を受け取ることができない。これを回避するため、イチヤクソウは根に定着する菌根菌がパイプ役となり周囲の樹木の根とつながり、樹木が行う光合成に由来する炭素をもらうと考えられている

ってのみ、種子発芽が生じることが明らかとなった。これはベニバナイチヤクソウが成長とともに共生菌を変えることを示しているが、驚くべきことに、この研究で種子発芽が観察された環境は親個体の周辺ではなく、ベニバナイチヤクソウがまったくみられない若齢シラカバ林だった。このようにして、親個体との競合を避けて新天地でのコロニー形成が誘導されているのかもしれない。一方で、ドイツで採取されたパイローラ・クロランタ（*Pyrola chlorantha*）ではロウタケ目以外にも多様な菌が発芽個体から検出されており、植物種によって菌根菌に対する特異性が異なることが示唆される。

アーブトイド菌根は、ツツジ科イチゴノキ亜科のイチゴノキ属とクマコケモモ属にも形成されるが、イチゴノキ亜科植物は灌木であり、菌従属栄養性は確認されていない。形態の類似性はあるものの菌根の機能としては異なっている可能性があり、これらは別グループの菌根として扱うべきかもしれない。

アーバスキュラー菌根を形成する菌従属栄養植物

アーバスキュラー菌根は、ほとんどの草本植物と多くの木本植物（マツ科、ブナ科、カバノキ科などをのぞく）にグロムス菌亜門に属する菌類が共生することによって形成されるもっとも普遍的な菌根であり、その形態はアラム型とパリス型の二タイプに区分される（第1章**図4・口絵2**）。この区分は二〇世紀初頭にアーバスキュラー菌根の形態を詳細に記載したギャローによるもので、サトイモ科のアラム属（*Arum*）の植物とユリ科のツクバネソウ属（*Paris*）の植物にそれぞれ特徴的であったため、このような名前がつけられた。アラム型では植物根の皮層で細胞間隙を伸長する菌糸が枝分かれし、皮層細胞内に樹枝状体（アーバスキュル）が形成される。一方、パリス型では皮層細胞内に菌糸コイルが形成され、隣接する細胞へと順次菌根形成が広がっていく（第1章図4）。

林地、草原などでみられる植物についてアーバスキュラー菌根の形態型を調べたところ、アラム型は日当たりのよい環境に生育する草本植物に高頻度でみられ、パリス型は林床植物に多くみられた。アラム型は成長の早い植物に、パリス型は暗所でゆっくりと成長する植物に適しているといった区分が可能かもしれない。アーバスキュラー菌根はアラム型が典型的な形態として記載されることが多いが、これは栽培実験で用いられる農作物の多くがアラム型を形成することと無縁ではないだろう。また、形態型は概ね植物の科によって決定されており、アラム型はキク科、マメ科、カタバミ科、トウダイグサ科、ミカン科、キツネノマゴ科、シソ科、クマツヅラ科、オオバコ科、ブドウ科、アケビ科、クスノキ科などに、パリス型はクワ科、ニレ科、スミレ科、ムクロジ科、フウロソウ科、アジサイ科、マンサク科、アカネ科、リンドウ科、ウコギ科、モチノキ科、サクラソウ科、ヤブコウジ科、リョウブ科、サルトリイバラ科、ユリ科、アヤメ科などにみられた。

ホンゴウソウ科、ヒナノシャクジョウ科、タヌキノショクダイ科、リンドウ科などには無葉緑の菌従属栄養植物が存在し、これらの菌根については、ドイツのステファン・イムホフによる精力的な菌根形態の記載がある。これらの無葉緑植物では根の皮層細胞における菌糸コイルの形成と塊状への変性・消失が共通して観察されており、一連の過程はラン菌根に類似する。しかし、菌糸に隔壁がみられないこ

図8　ウエマツソウ
ホンゴウソウ科の菌従属栄養植物

とからパリス型アーバスキュラー菌根の形成が示唆されていた。私は、これもやはり環境アセスメントに関連して、無葉緑植物であるホンゴウソウ科のウエマツソウ（**図8・口絵7左下**）の菌根を調べる機会を得た。まず菌根を観察したところ、イムホフが観察した結果と同様に菌糸コイルの形成・変性・消失が観察された。さらに、この時すでにアーバスキュラー菌根菌についても特異的プライマーが開発されており、DNA解析を行ったところ、アーバスキュラー菌根菌の配列を得ることができた。こうして、菌従属栄養植物へのアーバスキュラー菌根菌の共生を明らかにすることができたのであるが、当時は一個体について短い配列を得たにすぎず、それ以上の解析は行えなかった。その後、鳥取大学に移籍してからホンゴウソウとウエマツソウについて研究する機会を得ることができたため、改めて菌根の形態を観察するとともに（**図9**）、菌根菌の分子同定を行ったところ、ホンゴウソウとウエマツソウは、それぞれに特有の系統群のアーバスキュラー菌根菌と共生することが明らかとなった。調査地の中には両種が混在する自生地も含まれていたが、そのような自生地においても、両種が特定のアーバスキュラー菌根菌の系統群を共有することは認められなかった。[*9]

一般にアーバスキュラー菌根共生では目立った宿主特異性は認められない（序章・第1章）。もちろん自然生態系などにおいては環境要因、宿主植物と菌根菌の組み合わせなどにもとづく親和性は存在するが、アーバスキュラー菌根菌を植物に接種し、ポット栽培すると、通常はどのような菌種であっても菌根形成が成立する。しかし、菌従属栄養植物では程度の違いはあるものの植物種と菌根菌との間に宿主特異性が存在するようである。

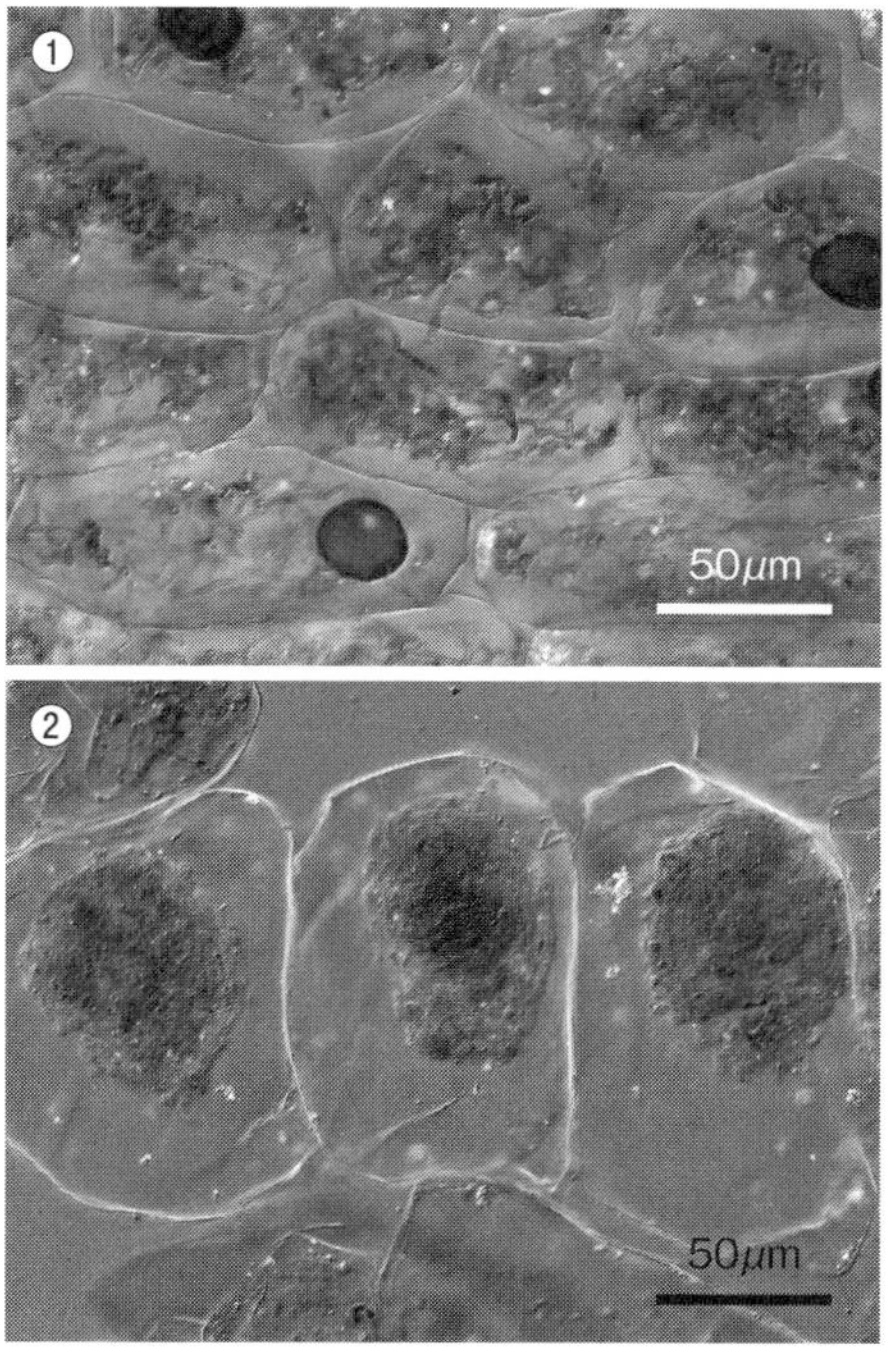

図9　ホンゴウソウのアーバスキュラー菌根
①菌糸コイル
②変質した菌糸コイル

サクライソウ科はサクライソウ目として独立しており、この中には無葉緑で菌従属栄養植物のサクライソウ属と光合成植物のオゼソウ属の二属しか存在しない。私は環境総合テクノスを退職し、鳥取大学に転職したころ、サクライソウ（**図10**）の菌根共生を研究しており、同時期に岐阜大学教育学部の高橋弘、国立科学博物館筑波実験植物園の遊川知久のグループもサクライソウを対象とした研究を行っていた。それでは一緒にやりましょう、ということになり、菌根菌の同定結果を集めてみたところ、グロムス科のごく限られた一群の菌のみが共生していることが明らかとなった。[*10] その後、千葉大学に移籍するころに、オゼソウについても菌根菌を調査する機会があったが、オゼソウでは多様な系統群のアーバスキュラー菌根菌がみられ、その中にはサクライソウと共生しうる系統群のアーバスキュラー菌根菌も含まれていた。[*11] このことから、サクライソウ科の中で菌従属栄養植物が進化する際に、共生するアーバスキュラー菌根菌の選別が行われたことが示唆される。

また、アフリカ中部のカメルーンに自生するヒナノシャクジョウ科の無葉緑植物アフロテスミア属（*Afrothismia*）五種は、アーバスキュラー菌根菌の中のいずれも近縁な関係にあるグロムス科の一群とそれぞれが特異的に共生することが報告されている。これらのグロムス科の菌は二億一九〇〇万〜六六〇〇万年前に種分化しているのに対し、アフロテスミア属内の種分化は、菌の分化のパターンに対応する形で、はるかに新しい五〇〇〇万〜八万年前に起こったと推定された。このことから菌従属栄養植物の種分化の際に、グロムス科のアーバスキュラー菌根菌の種分化に対応する形で共生菌を近縁種にシフトするという宿主特異性の変化が起こったことがうかがえる。

菌従属栄養植物の宿主特異性に関するメカニズムはまったく解明されていない。環境省レッドリスト（絶滅のおそれがある野生生物のリスト）を概観すると、宿主特異性と植物の希少性との間には正の相関があるように思える。共生パートナーの限定はそのまま生育の制限因子となるため、極端な宿主特異

図10　サクライソウ
サクライソウ科の菌従属栄養植物。アーバスキュラー菌根菌と共生している

性は植物にとっては好ましいものではないだろう。サクライソウは環境省レッドリストで絶滅危惧ⅠB類（近い将来における野生での絶滅の危険性が高いもの）に指定されている。ところがサクライソウの自生はごくありふれたヒノキの植林地などにもみられ、希少な原生林が生育の必要条件となっているわけではない。サクライソウの個体数の多い自生地と少ない自生地について、周辺の樹木に共生するアーバスキュラー菌根菌の群集を比較したところ、個体数が多い自生地ではサクライソウに共生する特定のアーバスキュラー菌根菌群の検出の割合が高く、個体数の少ない自生地では検出の割合が少ないという結果が得られた。[*12] 自然生態系のアーバスキュラー菌根菌の多様性は高く、光合成植物では同一個体が複数種のアーバスキュラー菌根菌と共生していることが普通にみられる。しかし、このサクライソウの例にみられるように、菌従属栄養植物の場合、特定のアーバスキュラー菌根菌群の有無とともにその優占度が生育を制限している可能性がある。

自然生態系では生物の分類群ごとに優占種が存在するが、アーバスキュラー菌根菌群集では特定の種が優占する割合が他の生物群よりも高いという報告がある。アーバスキュラー菌根の共生系では菌根菌から植物にリン酸などの土壌養分が、植物から菌根菌に炭素化合物がそれぞれ供給される相利共生関係が営まれているが、この時、植物はリン酸を多く供給してくれる菌根菌により多くの炭素化合物を供給するということを実験的に証明した研究がある。このような関係が自然生態系でも営まれているのであれば、森林などの比較的安定した生態系では必然的に植物からもっともご褒美をもらえるアーバスキュラー菌根菌の種が優占するだろう。そのような菌が菌従属栄養植物の菌根菌となりうる場合のみ、その環境が当該の菌従属栄養植物の生育適地となりうるということであれば、多くの菌従属栄養植物種が絶滅危惧種となっていることにも納得がいく。

日本国内におけるアーバスキュラー菌根を形成する菌従属栄養植物としては、この他にヒナノシャクジョウ科とタヌキノショクダイ科があり、ヒナノシャクジョウ科のヒナノシャクジョウ、シロシャクジョウ、ルリシャクジョウ、キリシマシャクジョウについてはいずれもグロムス科の特定の菌群との共生が報告されている。

アーバスキュラー菌根を形成する菌従属栄養植物では、菌糸コイルの変性・消失がみられ、ラン菌根と同様にこの過程で炭素化合物が菌体から植物に移行する可能性が示唆されているが、詳細は不明である。リンドウ科、ヒナノシャクジョウ科は光合成植物と菌従属栄養植物をともに含むため、これらの光合成植物には菌従属栄養性をあわせもつ部分的菌従属栄養植物が含まれる可能性があり、研究が進められている。

希少植物の保全と菌根共生

菌従属栄養植物および部分的菌従属栄養植物の多くは絶滅危惧種として知られ、環境省レッドリストにも多くの種が掲載されているが、これにはいくつかの理由が考えられる。菌従属栄養植物のうち他の植物種の菌根菌と共生している種については、三者共生の関係が成立する必要があり、人為的攪乱などの影響を受けやすいと言えるだろう。また、菌従属栄養植物には菌根菌との間に宿主特異性がみられる場合が多く、特異性の進化とともに生育条件がせばめられる結果となる。実際、レッドリストにおいて危急レベルの高い種の菌根の多くに高いレベルでの宿主特異性がみられる。なぜ菌従属栄養植物において宿主特異性が高まるのか、その理由については宿主特異性のメカニズムとともにいまだ不明であるが、結果として宿主特異性が菌従属栄養植物の種レベルでの繁栄の妨げになっている可能性は否定できない。

菌従属栄養植物の菌根共生をみると、周辺の菌類および植生との関わり合いの中で生活していることがわかる。地下部における菌群集はじっとしているわけではなく、環境変化とともに消長があり、コロニーの移動もみられる。それとともに菌従属栄養植物の群落にも盛衰があるため、特定の個体あるいは群落に執着した保全は原理的に困難であるとも言える。このため、自生地の環境を大きく捉えた保全策を検討することが重要だろう。

開発を行う際の環境アセスメントで(部分的)菌従属栄養植物の保全が必要となり、やむをえず移植を行う場合には、菌根菌の存在が確実な箇所に移植を行うことが必要条件となる。種子発芽時と開花個体に同一分類群の菌根菌が共生する植物種については、共生菌の有無をシードパケット(ナイロンメッシュに種子をはさみ、これをスライドマウントに設置したもの)を用いた自生地播種試験(野外播種試験法)によって確認することができる。[*13] こうすればやみくもに移植を行うよりも定着率の向上を図ることができると考えられる。私はオオバノトンボソウの移植の際にシードパケット法による適地判定をしており、現在移植個体の定着についてモニタリングを続けている。[*14]

また、植物の移植の際には根系を含む土壌を崩さずに行うことが望ましい。環境アセスメントを行っているピー・シー・イー社の木村研一らはボイド管（コンクリートを流しこんで壁などをつくる際に管を通すための穴をつくる紙製の型枠）を用いたキンランの移植法を開発している。[*15] この方法は菌従属栄養植物に限らず、小型植物の移植に広く適用できるため、シードパケット法とともに普及が望まれる。

また、玉川大学の山﨑旬らは、両面テープを貼りつけた細板（幅五ミリメートル×厚さ二ミリメートル）に微細種子を付着させ、これを土中に埋めこむ種子スティック法を開発した。[*16] キンランの種子を付着させ、自生地に埋設したところ、約二年後に列状にシュートの発生がみられ、種子スティックからの成長が確認された。この方法は広く菌従属栄養植物の保全対策に適用できると考えられ、種子の確保が可能な場合には、移植とあわせて実施することが望ましい。

菌従属栄養植物は植物であるにもかかわらず、菌類に炭素源を依存する。この特異な生態的特性がさまざまな植物分類群において、いくつかの菌根タイプとともに、それぞれ独立して進化しえたという事実に、生物進化のおもしろさを改めて感じる。そして、このような興味深い知見が分子生物学の進展とともに過去三〇年の間に急速に解明され、私自身もワクワクしながら研究の一端を担うことができたことを嬉しく思う。

同一の菌が独立栄養植物と菌従属栄養植物に菌根を形成する共生系では、異種植物間における菌糸ネットワークを介した炭素化合物の移動、すなわちエネルギーの分配が行われている。自然生態系では異種植物の間にニッチをめぐる競合があるが、このようなエネルギー分配には競合とは逆に、異種植物の共存を可能にしていく作用があると言えるかもしれない。光合成植物の中に菌根菌を介したエネルギー分配がどの程度存在しているのか、その普遍性については今後の研究課題である。

コラム●私が菌根研究者（マイコライゾロジスト）になったわけ

齋藤：菌根の研究はとても学際的です。菌の側からアプローチするのか、植物の側からアプローチするのか、あるいは、菌根をめぐる環境である土壌からアプローチするか、などいろいろな研究分野の方がそれぞれの専門を生かしつつ菌根について研究しています。私たちは、菌根をめぐる学際的な学問を「菌根学」（マイコライゾロジー、mycorrhizology）と呼んでいます。そして菌根研究者はマイコライゾロジスト（mycorrhizologist）です。そこで、本書の著者たちが、「なぜ、どのように菌根研究者になったのか」を紹介してもらうことにしました。

まず私ですが、私は土壌微生物学・土壌肥料学を専門としています。大学院時代に読んだ英文の土壌微生物の教科書に菌根のことが載っていたことは知っていたものの、まさか自分が研究するようになるとは思ってもいませんでした。一九八〇年代になってから、そのころ勤務していた農林水産省の試験研究機関の研究プロジェクトで菌根菌を取り扱うことになって、当時の林業試験場（現・森林総合研究所）の小川真さんから手ほどきを受けたことが、アーバスキュラー菌根菌の研究を始めるきっかけだったのです。

小川さんは、それまではマツタケなどの森林における外生菌根菌の研究を進めておられたのですが、米国のジェームズ・トラッペ博士からアーバスキュラー菌根菌の手法を習ってきて、一九八〇年代に入ってから、炭と菌根菌の関係を明らかにして、わが国に菌根菌研究のブームを引き起こしました。わが国の菌根研究において、小川さんの影響はとても大きかったです。

大和：そうですね。私は、大学時代、小川さんの著書『菌を通して森をみる』などを読んで菌根について関心を深めていました。就職活動を始めたころ、小川さんが京都に菌根の研究所をつくった！との噂を耳にして、大学の指導教員であった吉田冨男先生に紹介をお願いしたところ、ある日、突然小川さんから直接電話をいただいて、運よく、小川さんを所長として発足したばかりの関西総合環境センター（現・環境総合テクノス）生物環境研究所で研究生活をスタートさせることができました。第6章の冒頭に書いたように、研究所では希少植物や森林生態系の保全に関わる国内外のさまざまなプロジェクトを進めており、外生や内生のさまざまな菌根菌の調査研究に加わることができました。幸いにして、研究所から大学へ移っても菌根菌の研究を継続できました。

山田：私は大学院時代から菌学の研究室で、アカマツ林の菌根菌の多様性についての研究をスタートしました。所属していた研究室では植物病を引き起こす寄生菌などの研究を行っていましたが、比較的自由に研究テーマを選べたので（植物と関係している菌なら何をやってもよい）、私はアカマツの菌根を片っ端から観察したりしていました。私の場合、もともとキノコに興味があり、そこから外生菌根、そして菌根共生へとシフトしてきたと言えます。博士論文を書き終えて、博士研究員として仕事をするようになったときのテーマがマツタケで、その後もマツタケ関連の研究を進めています。小川さんの『[マツタケ]の生物学』は中学時代に購入しずっと手元にはありましたが、じっくりと穴のあくほど読んだのは、恥ずかしながら博士研究員になってからのことでした。

松田：私が大学に入学した一九九〇年代は、高度成長期を経て、森林でマツ枯れ(マツ材線虫病)や酸性雨で木々の無残な姿が目立つようになっていたころでした。私は、林学の研究室で卒論研究を始めるときに、指導教員の肘井直樹先生から、卒業研究テーマのリストをいただきました。そのリストの中のまったく見慣れない単語"mycorrhiza"に、惹きつけられました。辞書で調べると「菌根」。これまでの講義で聞いたことはなく、当時使っていた教科書にも詳しいことは載っていなかったので、大学図書館にある専門雑誌から関連の学術論文を少しずつコピーして勉強を始めたんです。私が最初に手にしたのは、小川さんが書かれたマツタケの菌根や海岸のクロマツの菌根に関する論文でした。今では菌根も含めた森林の微生物に関するいろいろな解説書や教科書が出版されていますが、四半世紀前の大学では森林の菌根を専門にする先生はほとんどおらず、その中で、針葉樹の外生菌根をテーマに博士論文をとりまとめて、菌根研究の世界へ足を踏み入れることになりました。

辻田：私は、園芸学がバックグラウンドで、それもランのシンビジウムをフラスコの中で培養する研究をしていて、菌のことなんか何も知りませんでした。第4章にも書きましたが、博士論文を書き終えて、九州大学の新キャンパス予定地に生息する希少種のマヤランのことを調べるようになって、菌根菌の虜になってしまったんです。その後、各地で博士研究員などを続けながら、ランだけでなく、シダの菌根にまで手を出してしまうことになりました。でも、その間に、これまで知らなかった植物学、生態学、菌学などの異分野の研究者の方々と共同研究を行うことができて、菌根の奥深さとおもしろさを知ることになりました。

小長谷：私は中学・高校生のときに所属していたワンダーフォーゲル同好会の春合宿で足尾銅山を訪れたことが始まりでした。荒涼とした山々をみて森林再生に関係する仕事に就きたいと思い、森林のことを学べる北海道大学に入学しました。そこで、後の指導教員になる玉井裕先生の菌根菌の講義を受けたのが菌根の研究を始めるきっかけとなりました。大学院のときの研究テーマは、二〇〇〇年に噴火した有珠山の噴出物堆積地帯の植生回復に、菌根菌がどのような役割を担っているのかを調べることでした。その後、韓国・江原《カンウォン》大学校や三重大学、フロリダ大学で博士研究員として働き、現在は森林総合研究所に勤めていますが、ずっと菌根に関わる研究を続けることができています。

齋藤：菌根研究を始めたきっかけは、みなさん、さまざまですね。菌根の研究はとても学際的で、専門の異なる研究者により、基礎から応用まで幅広い視点でいろいろな研究が進められています。本書を通して、そんな菌根研究のおもしろさにふれていただけると嬉しいですね。

日本では、菌学や林学、園芸学、土壌肥料学、生態学などのそれぞれの専門の学会で研究成果が発表されると同時に、小川真さんを中心にして一九九一年に発足した菌根研究会が菌根研究者の交流のプラットフォームになっています。小さな研究会ですが、関心のある方はぜひ、研究会へ参加してほしいと思います。菌根研究会については、https://mycorrhiza.jp　をご覧ください。

おわりに——菌根共生の進化を考える

小川　真

この本の編者、齋藤雅典さんから送られてきた原稿を読ませてもらって、書かれた内容の新鮮さと著者たちの熱意に、ある種の感動を覚えた。「なぜこれほど大切なテーマが、長い間放っておかれたのか」「あそこにもここにも、おもしろいタネが埋もれているのに」「この考える楽しさを、次の世代に伝えなければ」という著者たちの声が聞こえてくる。菌根の仕事に取りかかった一九六〇年以来、半世紀以上、私も同じ思いを抱いて能力以上に働いてきた。この本が出ることで、ようやく重荷をおろして、バトンタッチできるように思える。未知の事象を一つのジャンルとして位置づけるには、長い時間と大勢の研究者たちの努力が必要である。わかりきったことだが、研究の歴史を正しく知ることは、研究することと同程度に大切なことなのである。

一九八〇年ごろ、いくつかの出版社から菌根の教科書を書いてほしいと原稿用紙を渡された。ところが、当時はアーバスキュラー菌根（当時はＶＡ菌根と呼んでいた）がおもしろくなりだしたばかりで、農業への炭の利用研究も緒に就いたところ。とても文献をあさっている暇がない。せめてジャック・ハーレィの『Mycorrhizal Symbiosis（菌根共生）』（一九八三）を翻訳してはどうかと思ったが、これも力不足でボツ。一九九〇年代になって、少なくともわが国とアジア諸国における研究をまとめておきたいと文献集めを始めたが、ちょうど分子生物学的手法（PCR法など）がさかんになって、研究内容が飛躍的に変わる時期だった。菌根関係の文献が雪崩のように出だして机の上はコピーの山になり、積ん読状態、とても網羅的にというわけにはいかなくなった。

二〇〇八年には、ハーレィの娘であるサリー・スミスとデビッド・リードの共著による『Mycorrhizal Symbiosis』（第三版）が出たので、翻訳しようと取りかかったが、八〇〇ページ近くあり、とても私一人の手にはおえない。かなり時間がたってから、齋藤さんに相談したところ、「菌根研究会」のメンバーに自分たちの仕事を中心に書いてもらおうということになった。もちろん、そのほうが望ましい。というので、できあがったのが本書である。

生物学の最終目標は何かと問われたら、「やはり進化の謎解きでしょう」ということになる。研究史を紐解くのと同時に、生物がどのような進化過程をたどってきたのか、そしてどこへ行くのか、その中で菌根共生はどのような役割を果たしてきたのか。この本を読んでくださる方々に、ぜひ考えていただきたい。その手がかりになることを願って、私の読後感想文を章立てに沿って綴っておこう。

アーバスキュラー菌根菌の胞子を何と呼ぶのか。かつて接合菌に属しているとされていたころは偽接合胞子と言われていたが、胞子というより子実体と言ったほうがふさわしいぐらい大きく、多核体（多数の核がつまっている）で、菌類としては不思議な繁殖体である（第1章図1）。n、2nなどの核相もよくわからず、有性生殖もみられていない。土の中の胞子はかなりの量になるが、宿主である植物に共生しないと増殖できない絶対共生であり、そのわりには宿主特異性が低く、多くの植物種と共生している。どうやら繁殖力を抑えて陸上植物群によりそい、その進化を助けながら自分たちの分布範囲を広げていったように思える。陸上植物が現れてすぐ共生状態に入ったと思われるが、あまり共進化した形跡はなく、植物のサポーターに徹してきたようにみえる。この菌は水生植物や水辺植物の根にはつかないとされているが、水田ではたまに見かける。海辺や汽水域に生える原始的な植物群に手がかりはないのだろうか。あのビーズ玉のような美しい菌は一体どこから来たのだろう。おそらく、もとになるものは水の中に暮らしていたはずだが、腐生菌だったのか、寄生菌だったのか、まるでわからない。接合菌に近いとされてきたが、まったく独立して進化したグロムス菌門としておくのがよさそうに思える（ゲノム情報による解析ではグロムス菌亜門とされている。第1章）。

現存の植物の祖先になった、シダ、コケ、トクサやヒカゲノカズラなどにも、アーバスキュラー菌根やそれに似たものがついているそうだが、アーバスキュラー菌根とどちらが先だったのか（第5章）。バクテリアとは無関係なのだろうか。また、もう一つの重要な共生生物の地衣類との関係は、などなどおもしろいことがありそうに思える。実験は大変らしいが、系統的に追ってみると思いもかけないことが見つかるかもしれない。

外生菌根は、アーバスキュラー菌根ができてから二億五〇〇〇万年ほどたったころ現れたとされている。これはアーバスキュラー菌根とは逆に、宿主になる植物群が少数の分類群、しかも大径木（大きくなる樹木）に限られ、菌根菌のほうが圧倒的に多様である（第2章）。宿主植物のマツ科、ブナ科、カバノキ科、ヤナギ科、フタバガキ科、フトモモ科などは、おそらくジュラ紀と白亜紀の境目（大絶滅）

の前後に分化した植物群で、出現時期が担子菌類と重なっている。多種類の腐生性キノコが分化しはじめたところへ、宿主になる樹木が出てきて共生が成り立ったのか、両者が並行的に進化したのか、まだよくわかっていない。不思議なことに、今知られている外生菌根菌の大半は担子菌類に属しているが、系統的にはまとまりがない。一方、子嚢菌には腐生菌や寄生菌が多く、冬虫夏草のように動物についているものもあるが、なぜかトリュフの仲間以外、外生菌根をつくるものはほとんどみられない。

アーバスキュラー菌根菌と同じように、外生菌根菌も宿主から離れると子実体をつくらない、もしくはつくれない種類が多い。人工培地の上でキノコをつくらないのは、マツタケに限ったことではないのだ。また、菌根菌の中で胞子や組織片から分離培養できるものは限られており、胞子も発芽しにくく、寿命は短い。分離培養できるのは、たとえば、スクレロデルマ属（広葉樹につく）やアミタケ属（マツ科につく。ショウロもこれに近い）などだが、彼らは菌根合成も容易である。それでも菌糸の成長は遅く、多糖類を分解利用できる腐生菌にはとても及ばない。まるで、自分の繁殖力を抑えて、宿主に奉仕しているようにみえる。ほんとうにそうだろうか。

最近北半球で広がっているマツ枯れやナラ枯れ、カラマツやトウヒなどの枯れにみられるように、宿主植物が大量枯死すれば、当然菌根菌のほうも消滅するはずである。現に昔に比べれば、マツタケやシヨウロだけでなく、野生キノコの採れる量も種類もひどく減っている。なお、セノコッカムの黒い菌根がやたら多いというのも不気味である。この菌根菌は、以前は北米大陸西海岸の砂丘や朝鮮半島、北アフリカなどのマツ林や広葉樹林でよく見かけたが、乾燥地の森林に多いもので、湿潤なところでは稀なものと思っていた（第3章）。今後温暖化が進むにつれて、目にみえない大きな変動が、まず共生関係を多く含む生態系に現れてくるのではないだろうか。今のように忙しすぎる研究環境では望むべくもないが、どこか定点で菌、キノコの発生消長を気長に記録しつづけてくれる人はいないだろうか。研究者と菌類同好会とのつながりも大切である。

ラン菌根、エリコイド菌根、アーブトイド菌根は内生菌根と総称されているが、それぞれ形態も菌の種類も大きく異なっている。私がはじめて浜田稔先生からランの菌根について教わったころは、H・ブルゲッフの大きな教科書が一冊あるだけだった。そのころに比べれば、現在の研究レベルは驚くほど進んでおり、まさに隔世の感がある（第4章）。

アジアや南米の植民地に多かったきれいな花をつけるランが、ヨーロッパ人に愛好され、一時栽培のための研究がさかんになった。そのおかげでランの根に菌が入っていることは古くから知られており、菌根研究はランから始まったと言えなくもないほどである。ところが、二〇世紀に入ると無菌培養が可能になり、培地にショ糖を加えると、種子が発芽して育つことがわかった。その結果、菌の研究の必要がなくなり、人工的に栽培した、いわゆる洋ランが市場にあふれ、チューリップと並んで花卉《かき》産業の花形になっていった。

ランは不思議な植物で、どの種類でもツボミが開くにつれて花柄が回転し、ねじれて咲く。花の形も特定の昆虫を誘うように発達し、明らかに虫をだまして受粉を手伝わせている。土壌に落ちた小さな種子は菌糸を惹きつけ、例外なくラン菌とも言われるキノコやカビの菌糸を、根の細胞の中に取りこんで消化吸収する。いわば、食べてしまうのである。植物と言えば、静的でおとなしそうに思われがちだが、ランにはどこか動物的な感じがある。進化の果てに行き着くところは、葉緑素を失って菌に依存した寄生である。それも成長段階に応じて相手の菌を変えるというのだから手がこんでいる。モノトロポイド菌根やアーブトイド菌根の場合も、菌を養っているように思えるグループのうちから、やはり菌に依存して暮らす、菌従属栄養植物と呼ばれるグループが進化したと考えられている。これらの菌根共生では、外生菌根菌が仲立ちして、樹木と葉緑素をもたない白くなった植物をつないでいる。ランの中にも菌従属栄養植物になった無葉緑ランが多く、外生菌根菌や有機物を分解する能力をもった菌類に養われている。ランの菌根や菌従属栄養植物の解説を読んでいると、まるでミステリー小説を読んでいるようである。なんともこみ入った話で、謎解きの楽しさが伝わってくる（第6章）。

これらの内生菌根をつくる植物は第三紀以降、おもに第四紀に入ってから進化した新しい植物群と思われる。簡単に第三紀以降というが、千万、百万単位の年月である。その間、現在に至るまで、何度絶滅の危機に瀕してきたことか。この仲間は人間にもてはやされ、今を盛りと咲き誇っているが、一体どこへ行くのだろう。常識的には共生すれば強く大きくなり、種としても個体としても長命になると思いがちだが、ほんとうにそうだろうか。二者間の共生から三重共生、さらに根圏微生物や他の微生物を含む多重共生へと展開するにつれて、互いの関係は複雑になり、依存の度合いが大きくなるほど共倒れする率も高くなるように思える。生命体がある一定の環境下で、そのつど進化してきたのと同様、共生もある条件下で成立し、環境の変動に耐えられたものが現在まで続いていると考えられている。したがって、大きな気候変動や汚染に見舞われれば、絶滅危惧種になりやすく、容易に消えてしまうのも当然かもしれない。共生は一般に言われるほど理想的な生き方ではない。場合によっては、共生イコール共倒れということになりかねないのである。

以上、私見を述べてみたが、ほとんどは蛇足の類である。新型コロナウイルスが収束してくれたら、もう一度野外へ出て、素直に自然のあり方を観察してみよう。自然は常に遠大な存在であり、偉大な師でもある。

（二〇二〇年五月）

編集後記

きっかけは、数年前に『Mycorrhizal Symbiosis（菌根共生）』（第三版、二〇〇八）を「翻訳できないだろうか」、と小川真さんから声をかけられたことであった。しかし、この本は八〇〇ページもある大著で非常に専門的であり、また、この本の出版後の菌根学の進歩も著しいので、もっと一般向けにアップデートした「菌根学」の本を出版できないだろうかと考えた。そこで、菌根研究会で活発に活動している研究者たちと相談した。菌根研究会のことは、コラム「私が菌根研究者（マイコライゾロジスト）になったわけ」で少しふれたが、この研究会がなければ、私も専門の異なる本書の共著者と知り合うこともなかっただろう。

当初は「菌根学」の教科書も検討したが、きわめて学際的で多方面にわたる「菌根学」を教科書としてとりまとめるには、非力な私たちには難しかった。そこで、各種の菌根の解説をまじえながら、それぞれの著者の研究を紹介するというスタイルをとることにした。また、一言で「菌根」と言っても、菌根の種類によって、その特徴はきわめて多様なので、できるだけマイナーな菌根も取り上げるように心がけた。ただ、生態学的にも重要な菌根である、ツツジ科植物に特徴的なエリコイド菌根について一章を設けることができなかったのは心残りである。本書を通して、多様な菌根の世界の一端にふれていただけるのであれば、著者一同望外の幸いである。
本書の章立てを構想してから、数年がたってしまった。共著者の多くが早々と原稿を送ってくれたにもかかわらず、言い出しっぺである私の執筆や編集が遅れに遅れた。その間、辛抱強く私の編集作業を待っていただき、励ましてくれた築地書館の土井二郎氏、原稿のすみずみまで目を通して的確な指摘をしていただいた同社・橋本ひとみ氏には、心より感謝申し上げる。また、図版を提供していただいた多くの方々に感謝を申し上げる。

序章の冒頭で引用した『ファウスト』（第二部）は、次のようにしめくくられる。

ふしぎがここに
なされ
くおんのおんなが
われらをみちびく
（ゲーテ『ファウスト　第二部』池内紀訳　集英社文庫）

我らを導く「くおんのおんな」、それは「菌根」。

（齋藤雅典）

＊14　大和政秀ら　2019. 移植適地判定のためのシードパケット法による野外播種試験――ラン科植物「オオバノトンボソウ」を例として．日本緑化工学会誌，44: 524-527.
＊15　木村研一ら　2012. 東京都内の雑木林におけるキンラン移植株のモニタリング結果と知見．日本緑化工学会誌，38: 212-215.
＊16　山﨑旬ら　2018. 自生地復元を目的としたラン科植物の種子繁殖法の検討――種子スティックによるキンラン（*Cephalanthera falcata*（Thunb.）Blume.）の野外播種の効果．日本緑化工学会誌，44: 194-196.

Mycorrhiza, 26: 87-97.

●第６章

＊1　山田明義　2003. 菌根共生．土壌微生物生態学（堀越孝雄・二井一禎 編）．pp 44-60．朝倉書店，東京．
＊2　大和政秀・谷亀高広　2009. ラン科植物と菌類の共生．日本菌学会会報，50: 21-42.
＊3　Yamato, M. and Iwase, K. 2008. Introduction of asymbiotically propagated seedlings of *Cephalanthera falcata* (Orchidaceae) into natural habitat and investigation of colonized mycorrhizal fungi. *Ecol. Res.*, 23: 329-337.
＊4　Yagame, T. and Yamato, M. 2013. Mycoheterotrophic growth of *Cephalanthera falcata* (Orchidaceae) in tripartite symbioses with Thelephoraceae fungi and *Quercus serrata* (Fagaceae) in pot culture condition. *J. Plant Res.*, 126: 215-222.
＊5　Yamato, M. *et al.* 2005. Isolation and identification of mycorrhizal fungi associating with an achlorophyllous plant, *Epipogium roseum* (Orchidaceae). *Mycoscience*, 46: 73-77.
＊6　Yagame, T. *et al.* 2007. Developmental processes of achlorophyllous orchid, *Epipogium roseum*: from seed germination to flowering under symbiotic cultivation with mycorrhizal fungus. *J. Plant Res.*, 120: 229-236.
＊7　辻田有紀ら　2014. 菌従属栄養植物の進化に伴う菌根菌相のシフト――進化の道のりでおこった菌根共生のダイナミックな変化．植物科学最前線，5: 130-139.
＊8　久我ゆかり　2016. 菌根共生における元素輸送――細胞学的研究と表面分析．顕微鏡，51: 17-22.
＊9　Yamato, M., Yagame, T. and Iwase, K. 2011. Arbuscular mycorrhizal fungi in roots of non-photosynthetic plants, *Sciaphila japonica* and *Sciaphila tosaensis* (Triuridaceae). *Mycoscience*, 52: 217-223.
＊10　Yamato, M. *et al.* 2011. Specific arbuscular mycorrhizal fungi associated with non-photosynthetic *Petrosavia sakuraii* (Petrosaviaceae). *Mycorrhiza*, 21: 631-639.
＊11　Yamato, M. *et al.* 2014. Significant difference in mycorrhizal specificity between an autotrophic and its sister mycoheterotrophic plant species of Petrosaviaceae. *J. Plant Res.*, 127: 685-693.
＊12　Yamato, M. *et al.* 2016. Distribution of *Petrosavia sakuraii* (Petrosaviaceae), a rare mycoheterotrophic plant, may be determined by the abundance of its mycobionts. *Mycorrhiza*, 26: 417-427.
＊13　辻田有紀・遊川知久　2008. ラン科植物の野外播種試験法――土壌中における共生菌相の探索を目的として．保全生態学研究，13: 121-127.

1997-2009.
＊9 Ogura-Tsujita, Y. and Yukawa, T. 2008. High mycorrhizal specificity in a widespread mycoheterotrophic plant, *Eulophia zollingeri* (Orchidaceae). *Am. J. Bot.*, 95: 93-97.
＊10 Ogura-Tsujita, Y. *et al.* 2009. Evidence for novel and specialized mycorrhizal parasitism: the orchid *Gastrodia confusa* gains carbon from saprotrophic *Mycena*. *Proc. Royal Soc. London B: Biol. Sci.*, 276: 761-767.
＊11 Ogura-Tsujita, Y. et al. 2018. The giant mycoheterotrophic orchid *Erythrorchis altissima* is associated mainly with a divergent set of wood-decaying fungi. *Mol. Ecol.* 27: 1324-1337.

●第5章

＊1 Remy, W. *et al.* 1994. Four hundred-million-year-old vesicular arbuscular mycorrhizae. *Proc. Nat. Acad. Sci.*, 91: 11841-11843.
＊2 Read, D. J. *et al.* 2000. Symbiotic fungal associations in 'lower' land plants. *Phil. Trans. Royal Soc. London B: Biol. Sci.*, 355: 815-831.
＊3 Pressel, S. *et al.* 2010. Fungal symbioses in bryophytes: new insights in the twenty first century. *Phytotaxa*, 9: 238-253.
＊4 Fonseca, H. M. and Berbara, R. L. 2008. Does *Lunularia cruciata* form symbiotic relationships with either *Glomus proliferum* or *G. intraradices*? *Mycol. Res.*, 112: 1063-1068.
＊5 Ligrone, R. *et al.* 2007. Glomeromycotean associations in liverworts: a molecular, cellular, and taxonomic analysis. *Am. J. Bot.*, 94: 1756-1777.
＊6 Field, K. J. and Pressel, S. 2018. Unity in diversity: structural and functional insights into the ancient partnerships between plants and fungi. *New Phytol.*, 220: 996-1011.
＊7 Yamamoto, K. *et al.* 2019. Dual colonization of Mucoromycotina and Glomeromycotina fungi in the basal liverwort, *Haplomitrium mnioides* (Haplomitriopsida). *J. Plant Res.*, 132: 777-788.
＊8 Ogura-Tsujita, Y. *et al.* 2019. Fern gametophytes of *Angiopteris lygodiifolia* and *Osmunda japonica* harbor diverse Mucoromycotina fungi. *J. Plant Res.*, 132: 581-588.
＊9 Ogura-Tsujita, Y. *et al.* 2013. Arbuscular mycorrhiza formation in cordate gametophytes of two ferns, *Angiopteris lygodiifolia* and *Osmunda japonica*. *J. Plant Res.*, 126: 41-50.
＊10 Ogura-Tsujita, Y. *et al.* 2016. Arbuscular mycorrhizal colonization in field-collected terrestrial cordate gametophytes of pre-polypod leptosporangiate ferns (Osmundaceae, Gleicheniaceae, Plagiogyriaceae, Cyatheaceae).

＊6　黒木秀一・崎田一郎　2009. 宮崎平野における海岸クロマツ林のキノコ民俗．宮崎県総合博物館研究紀要，30: 103-114.
＊7　Obase, K. *et al.* 2011. Diversity and community structure of ectomycorrhizal fungi in *Pinus thunbergii* coastal forests in the eastern region of Korea. *Mycoscience*, 52: 383-391.
＊8　Smith, M.E., Henkel, T.W. and Rollins, J.A. 2015. How many fungi make sclerotia? *Fungal Ecology*, 13: 211-220.
＊9　Trappe, J.M. 1962. *Cenococcum graniforme* — its distribution, ecology, mycorrhiza formation, and inherent variation. Ph.D. Dissertation, University of Washington, Seattle, Washington 148p.
＊10　小長谷啓介　2016. 外生菌根菌 *Cenococcum geophilum* の系統学的多様性と隠蔽種について．日本菌学会会報，57: 23-30.
＊11　Tresner, H.D. and Hayes, J.A. 1971. Sodium chloride tolerance of terrestrial fungi. *Appl. Microbiol.*, 22: 210-213.
＊12　Chaudhary, V.B. *et al.* 2016. MycoDB, a global database of plant response to mycorrhizal fungi. *Scientific Data*, 3: 160028.
＊13　松田陽介　2018. 森林利用と菌根菌．森林科学シリーズ 10 森林と菌類（升屋勇人 編）．pp105-139．共立出版，東京.

●第4章

＊1　大和政秀・谷亀高広　2009. ラン科植物と菌類の共生．日本菌学会会報，50: 21-42.
＊2　寺下隆喜代　1983. 菌根菌類．菌類研究法（青島清雄・椿　啓介・三浦宏一郎 編）．pp218-224．共立出版，東京.
＊3　辻田有紀　2013. ラン菌根分離法．菌類の事典（日本菌学会 編）．pp. 434．朝倉書店，東京.
＊4　Rasmussen, H. N. 1995. Terrestrial orchids: from seed to mycotrophic plant. Cambridge University Press, Cambridge. 460p.
＊5　辻田有紀ら　2014. 菌従属栄養植物の進化に伴う菌根菌相のシフト――進化の道のりでおこった菌根共生のダイナミックな変化．植物科学最前線，5: 130-139.
＊6　Ogura-Tsujita, Y. *et al.* 2012. Shifts in mycorrhizal fungi during the evolution of autotrophy to mycoheterotrophy in *Cymbidium*（Orchidaceae）. *Am. J. Bot.*, 99: 1158-1176.
＊7　辻田有紀・遊川知久　2008. ラン科植物の野外播種試験法――土壌中における共生菌相の探索を目的として．保全生態学研究，13: 121-127.
＊8　Yukawa, T. *et al.* 2009. Mycorrhizal diversity in *Apostasia*（Orchidaceae）indicates the origin and evolution of orchid mycorrhiza. *Am. J. Bot.*, 96:

Tricholoma matsutake isolates on seedlings of *Pinus densiflora in vitro*. *Mycoscience*, 40: 455-463.
＊8 Gill, W.M. *et al.* 2000. Matsutake—morphological evidence of ectomycorrhiza formation between *Tricholoma matsutake* and host roots in a pure *Pinus densiflora* forest stand. *New Phytol.*, 147: 381-388.
＊9 Guerin-Laguette, A. *et al.*, 2004. The mycorrhizal fungus *Tricholoma matsutake* stimulates *Pinus densiflora* seedling growth in vitro. *Mycorrhiza*, 14: 397-400.
＊10 有岡利幸　1997. 松茸（ものと人間の文化史 84）．法政大学出版局，東京．296p.
＊11 Murata, H. *et al.* 2005. Genetic mosaics in the massive persisting rhizosphere colony 'shiro' of the ectomycorrhizal basidiomycete *Tricholoma matsutake*. *Mycorrhiza*, 15: 505-512.
＊12 Vaario, L-M., Yang, X. and Yamada, A. 2017. Biogeography of the Japanese gourmet fungus, *Tricholoma matsutake*: a review of the distribution and functional ecology of matsutake, pp.319-344. In: L. Tedersoo (ed.), Biogeography of Mycorrhizal Symbiosis, Ecol. Stud. 230. Springer, Berlin.
＊13 Endo, N. *et al.* 2015. Ectomycorrhization of *Tricholoma matsutake* with *Abies veitchii* and *Tsuga diversifolia* in the subalpine forests of Japan. *Mycoscience*, 56: 402-412.
＊14 山田明義・小林久泰　2008. マツタケ人工栽培の展望．森林科学，53: 41-42.
＊15 Saito, C. *et al.* 2018. In vitro ectomycorrhization of *Tricholoma matsutake* strains is differentially affected by soil type. *Mycoscience*, 59: 89-97.
＊16 Horimai, Y. *et al.* 2020. Sibling spore isolates of *Tricholoma matsutake* vary significantly in their ectomycorrhizal colonization abilities on pine hosts *in vitro* and form multiple intimate associations in single ectomycorrhizal roots. *Fungal Ecology*, 43: 100874

●第3章

＊1 村井　宏・石川政幸・遠藤治郎・只木良也（編著）　1992. 日本の海岸林．ソフトサイエンス社，東京．513p.
＊2 小田隆則　2003. 海岸林をつくった人々．北斗出版，東京．254p.
＊3 中島勇喜・岡田　穣（編著）　2011. 海岸林との共生．山形大学出版会，山形．220p.
＊4 阿部淳一・石川真一　1999. 海浜砂丘草本植生における菌根共生——VA 菌根菌の生態．日本生態学会誌，49: 145-150.
＊5 小川　真　1979. 海岸砂丘のクロマツ林における微生物相．林業試験場研究報告，305: 107-124.

＊8 Saito M. 1995. Enzyme activities of the internal hyphae and germinated spores of an arbuscular mycorrhizal fungus, *Gigaspora margarita* Becker & Hall. *New Phytol.*, 129: 425-431.
＊9 Kobayashi, Y. *et al.* 2018. The genome of *Rhizophagus clarus* HR1 reveals a common genetic basis for auxotrophy among arbuscular mycorrhizal fungi. *BMC Genomics*, 19, 465.
＊10 Ezawa, T. and Saito, K. 2018. How do arbuscular mycorrhizal fungi handle phosphate? New insight into fine-tuning of phosphate metabolism. *New Phytol.*, 220: 1116-1121.
＊11 依藤敏明・鈴木源士　1995. 菌根菌の活かし方．農山漁村文化協会，東京．170p.
＊12 Hijri, M. 2016. Analysis of a large dataset of mycorrhiza inoculation field trials on potato shows highly significant increases in yield. *Mycorrhiza*, 26: 209-214.
＊13 Tawaraya, K., Hirose, R. and Wagatsuma, T. 2012. Inoculation of arbuscular mycorrhizal fungi can substantially reduce phosphate fertilizer application to *Allium fistulosum* L. and achieve marketable yield under field condition. *Biol. Fertil. Soils*, 48: 839-843.
＊14 唐澤敏彦　2004. 輪作におけるアーバスキュラー菌根菌の動態と作物の生育に関する研究．北海道農研研報，179: 1-71.
＊15 Kameoka, H. *et al.* 2019. Stimulation of asymbiotic sporulation in arbuscular mycorrhizal fungi by fatty acids. *Nature Microbiol.*, 4: 1654-1660.
＊16 丸本卓哉・河野伸之　2001. 火山性荒廃地の菌根共生を利用した緑化．日本緑化工学会誌，26: 258-264.

●第２章

＊1 Agerer, R.（ed.）1987-2012. Colour atlas of ectomycorrhizae, Part 1-15. Einhorn-Verlag, Schwäbisch Gmünd, Germany.
＊2 外生菌根図鑑 ver. 2.
http://veitchii.html.xdomain.jp/emfpictures/title.html
＊3 Högberg, P. *et al.* 2001. Large-scale forest girdling shows that current photosynthesis drives soil respiration. *Nature*, 411: 789-792.
＊4 Hibbett, D.S., Gilbert, L-B. and Donoghue, M.J. 2000. Evolutionary instability of ectomycorrhizal symbioses in basidiomycetes. *Nature*, 407: 506-508.
＊5 小川　真　1978.［マツタケ］の生物学．築地書館，東京．326p.
＊6 Yamada, A., Kanekawa, S. and Ohmasa, M. 1999. Ectomycorrhiza formation of *Tricholoma matsutake* on *Pinus densiflora*. *Mycoscience*, 40: 193-198.
＊7 Yamada, A., Maeda, K. and Ohmasa, M. 1999. Ectomycorrhizal formation of

参考文献

●菌根全般について

Smith, S.E. and Read, D.J. 2008. Mycorrhizal Symbiosis. 3rd Ed., Academic Press, London, 787p.

Brundrett, M. *et al.* 1996. Working with Mycorrhizas in Forestry and Agriculture. AClAR, Canberra, 374p.

Peterson, R. L., Massicotte, H.B. and Melville, L. H. 2004. Mycorrhizas: Anatomy and Cell Biology. National Research Council of Canada. Ottawa, 173p.

小川　真　1980. 菌を通して森をみる——森林の微生物生態学入門. 創文, 東京. 279p.

小川　真　1987. 作物と土をつなぐ共生微生物——菌根の生態学．農山漁村文化協会，東京．244p.

小川　真　2007. 炭と菌根でよみがえる松．築地書館，東京．344p.

日本菌学会（編）　2013. 菌類の事典．朝倉書店，東京．736p.

●序　章

＊1　リチャード・フォーティ　渡辺政隆（訳）　2003. 生命 40 億年全史．草思社，東京．493p.

＊2　Strullu-Derrien, C. *et al.* 2018. The origin and evolution of mycorrhizal symbioses: from palaeomycology to phylogenomics. *New Phytol.*, 220: 1012-1030.

●第 1 章

＊1　Koide, R.T. and Mosse, B. 2004. A history of research on arbuscular mycorrhiza. *Mycorrhiza*, 14: 145-163.

＊2　齋藤雅典　2019. 菌根共生に魅せられて．肥料科学，41: 1-28.

＊3　Spatafora, J.W. *et al.* 2016. A phylum-level phylogenetic classification of zygomycete fungi based on genome-scale data. *Mycologia*, 108: 1028-1046.

＊4　Schüßler, A. 2020. Phylogeny and taxonomy of Glomeromycota. http://www.amf-phylogeny.com/index.html（2020 年 7 月 6 日閲覧）

＊5　Davison, J. *et al.* 2015. Global assessment of arbuscular mycorrhizal fungus diversity reveals very low endemism. *Science*, 349: 970-973.

＊6　Akiyama, K., Matsuzaki, K. and Hayashi, H. 2005. Plant sesquiterpenes induce hyphal branching in arbuscular mycorrhizal fungi. *Nature*, 435: 824-827.

＊7　Rhodes, L.H. and Gerdemann, J.W. 1975. Phosphate uptake zones of mycorrhizal and non-mycorrhizal onions. *New Phytol.*, 75: 555-561.

【ヤ行】

【ラ行】

【ワ行】

【マ行】

【ハ行】

【ナ行】

【タ行】

【サ行】

【カ行】

索引

【A ～ Z】

【ア行】

著者紹介（執筆順）

齋藤雅典（さいとう・まさのり）
一九五二年東京都生まれ。東京大学大学院農学系研究科を修了後、農林水産省・東北農業試験場、同・畜産草地研究所、農業環境技術研究所を経て、東北大学大学院農学研究科教授。二〇一八年に定年退職、同・名誉教授。研究テーマは、アーバスキュラー菌根菌の生理・生態とその利用技術。農業生態系における土壌肥沃度管理。農業活動に関わるライフサイクルアセスメントなど。おもな著書に、"Arbuscular mycorrhizas: molecular biology and physiology"（共著、Kluwer、2000）、『微生物の資材化――研究の最前線』（共著、ソフトサイエンス社、二〇〇〇）、『新・土の微生物（10）研究の歩みと展望』（共著、博友社、二〇〇三）などがある。

小川　真（おがわ・まこと）
一九三七年京都府生まれ。京都大学農学部卒業。同博士課程修了。農学博士。森林総合研究所土壌微生物研究室室長、関西総合環境センター（現・環境総合テクノス）生物環境研究所所長を経て、大阪工業大学工学部環境工学科客員教授。日本林学賞、ユフロ（国際林業研究機関連合）学術賞、日経地球環境技術賞、愛・地球賞（愛知万博）、日本菌学会教育文化賞など、数々の賞を受賞。おもな著書に、『「マツタケ」の生物学』『マツタケの話』『きのこの自然誌』『炭と菌根でよみがえる松』『森とカビ・キノコ』『菌と世界の森林再生』（以上、築地書館）、『菌を通して森をみる』（創文）、『作物と土をつなぐ共生微生物』（農山漁村文化協会）、『キノコの教え』（岩波新書）、訳書に『ふしぎな生きものカビ・キノコ』『チョコレートを滅ぼしたカビ・キノコの話』『生物界をつくった微生物』『キノコと人間』（以上、築地書館）、『キノコ・カビの研究史』（京都大学学術出版会）などがある。

山田明義（やまだ・あきよし）
一九六九年新潟県生まれ。筑波大学大学院農学研究科を修了後、農林水産省農業研究センター非常勤研究員、茨城県林業技術センター流動研究員を経て、一九九九年より信州大学農学部勤務。現在、信州大学山岳科学研究拠点に所属、准教授。研究テーマは、外生菌根菌の分類と生態、および菌根性きのこ類の栽培化に関する研究。二〇一六年森喜作賞、二〇二〇年日本菌学会賞などを受賞。おもな著書に、“A manual of concise descriptions of North American ectomycorrhizae”（共著、Mycologue Publications、1998）、『キノコとカビの基礎科学とバイオ技術』（共著、アイピーシー、二〇〇二）、『土壌微生物生態学』（共著、朝倉書店、二〇〇三）、『菌類のふしぎ』（共著、東海大学出版、二〇〇八）、『菌類の事典』（共著、朝倉書店、二〇一三）、『食品危害要因――その実態と検出法』（共著、テクノシステム、二〇一四）、“Biogeography of Mycorrhizal Symbiosis”（共著、Springer、2017）、『食と微生物の事典』（共著、朝倉書店、二〇一七）などがある。

松田陽介（まつだ・ようすけ）

一九七〇年愛知県生まれ。名古屋大学大学院生命農学研究科を修了後、東京大学アジア生物資源環境研究センターを経て三重大学大学院生物資源学研究科教授。研究テーマは、森林微生物学を専門とし、森林生態系における植物の根に関わる菌根菌、内生菌、細菌類、線虫の群集構造とその働きの解明。おもな著書に、『森林微生物生態学』（共著、朝倉書店、二〇〇〇）、『菌類の事典』（共著、朝倉書店、二〇一三）、“Biogeography of Mycorrhizal Symbiosis”（共著、Springer、2017）、『森林科学シリーズ10　森林と菌類』（共著、共立出版、二〇一八）、『森林学の百科事典』（共著、丸善出版、近刊）などがある。

小長谷啓介（おばせ・けいすけ）

一九八〇年群馬県生まれ。北海道大学大学院農学研究科を修了後、博士研究員として韓国の江原《カンウォン》大学校山林環境科学大学、三重大学大学院生物資源学研究科、フロリダ大学植物病理学研究科に在籍。現在は、森林総合研究所きのこ・森林微生物研究領域の主任研究員。研究テーマは、微生物の共生機能を生かした植生回復・植物保全技術の高度化と食用菌栽培などへの実用化に向けた技術開発。森林施業による土壌共生菌類への多様性影響評価など。おもな著書に、“Biogeography of Mycorrhizal Symbiosis”（共著、Springer、2017）がある。

辻田有紀（つじた・ゆき）
一九七六年福岡県生まれ。九州大学大学院生物資源環境科学府で学位取得後、国立科学博物館筑波実験植物園非常勤研究員、日本学術振興会特別研究員ＲＰＤを経て、佐賀大学農学部准教授。研究テーマは、ラン菌根共生、ラン科植物の保全、菌従属栄養植物の菌根共生。シダ植物配偶体の菌根共生。おもな著書に、“The physiological ecology of mycoheterotrophy”（共著、Merckx、2013）、『菌類の事典』（共著、朝倉書店、二〇一三）、『理系女性のライフプラン――あんな生き方・こんな生き方 研究・結婚・子育てみんなどうしてる?』（共著、メディカル・サイエンス・インターナショナル、二〇一八）などがある。

大和政秀（やまと・まさひで）
一九六九年神奈川県生まれ。千葉大学大学院園芸学研究科を修了後、関西総合環境センター（現・環境総合テクノス）生物環境研究所、鳥取大学農学部を経て、千葉大学教育学部教授。研究テーマは、菌従属栄養植物の菌根共生、アーバスキュラー菌根菌の生態、農業におけるバイオ炭の利用技術など。おもな著書に、『菌類きのこ遺伝資源――発掘と活用』（共著、丸善プラネット、二〇一三）、『菌類の事典』（共著、朝倉書店、二〇一三）などがある。

菌根《きんこん》の世界

菌と植物のきってもきれない関係

2020 年 9 月 30 日　初版発行
2024 年 2 月 15 日　6 刷発行

編著者　　齋藤雅典
発行者　　土井二郎
発行所　　築地書館株式会社
〒 104-0045 東京都中央区築地 7-4-4-201
TEL.03-3542-3731　FAX.03-3541-5799
http://www.tsukiji-shokan.co.jp/
振替 00110-5-19057
印刷・製本　シナノ印刷株式会社
装丁　　吉野 愛